George William Askinson

Die Fabrikation der ätherischen Öle

VERO Verlag

George William Askinson

Die Fabrikation der ätherischen Öle

ISBN/EAN: 9783737209588

Auflage: 1

Erscheinungsjahr: 2015

Erscheinungsort: Norderstedt, Deutschland

Hergestellt in Europa, USA, Kanada, Australien, Japan
Verlag der Wissenschaften in Hansebooks GmbH, Norderstedt

Die
Fabrikation der ätherischen Oele.

Die

Fabrikation der ätherischen Oele.

Anleitung

zur Darstellung derselben nach den Methoden der Pressung, Destillation, Extraction, Deplacirung, Maceration und Absorption, nebst einer ausführlichen Beschreibung aller bekannten ätherischen Oele in Bezug auf ihre chemischen und physikalischen Eigenschaften und technische Verwendung, sowie der besten Verfahrungsarten zur Prüfung der ätherischen Oele auf ihre Reinheit.

Ein Handbuch für Fabrikanten ätherischer Oele, Apotheker, Liqueur- und Firniß-Fabrikanten, Kaufleute und Materialwaarenhändler.

Leichtfaßlich dargestellt

von

Dr. chem. George William Askinson,

Parfum-Fabrikant und Verfasser des Werkes: Die Parfumerie-Fabrikation.

Mit 24 Abbildungen.

Wien. Pest. Leipzig.

A. Hartleben's Verlag.

1876.

Erster Theil.

I.

Einleitung.

In einer großen Reihe von Gewerben verwendet man eine Anzahl von Körpern, welche theils flüssig, theils fest sind, und unter dem Sammelnamen ätherische Oele bekannt sind — nebenbei gesagt, eine Bezeichnung, die nicht leicht unpassender gewählt werden könnte, da diese Verbindungen mit den Oelen, das ist den flüssigen Fetten, geradezu gar nichts gemein haben, und das Wort „ätherisch" längst nicht mehr gleichbedeutend mit dem Begriffe „flüchtig" genommen werden darf.

Es ist aber eine undankbare Aufgabe, die noch dazu wenig Aussicht auf Erfolg bietet, wenn man es versucht, einen falschen Sprachgebrauch richtig zu stellen, namentlich, wenn man nicht in der Lage ist, den unrichtigen Ausdruck durch einen passenden zu ersetzen, wie es im vorliegenden Falle thatsächlich ist.

Es bleibt demnach nichts übrig, als dem Sprachgebrauche zu folgen und eine gewisse Gruppe von Körpern, die durchwegs organischen Ursprungs sind, als ätherische Oele zu benennen.

Die ätherischen Oele besitzen für eine sehr große Anzahl von Gewerben so bedeutende Wichtigkeit, daß diese Gewerbe ohne das Vorhandensein dieser Stoffe geradezu unmöglich wären. Die gesammte Liqueurfabrikation, die Parfumerie beruhen auf der zweckentsprechenden Verwendung der ätherischen Oele. Während diese Verbindungen die Basis der genannten Gewerbe bilden, sind sie für andere Gewerbe ebenfalls unentbehrlich, der Firniß- und Lackfabrikant, der Anstreicher kann ihrer nicht entrathen; in allen Zweigen der Industrie, in welchen es sich um Auflösung von Harzen, mitunter auch von Fetten handelt, spielen die ätherischen Oele eine gewisse Rolle und finden auch einige Verwendung in der Arzneikunde.

Die Kenntniß der ätherischen Oele muß schon eine sehr alte sein, denn gewisse ätherische Oele erscheinen ziemlich rein in der Natur und besitzen so hervorragende Eigenschaften, daß sie nothwendiger Weise die Aufmerksamkeit der Menschen auf sich ziehen mußten. Wir kennen z. B. keine Literatur, welche nicht der duftenden Blumen gedächte, und keine Culturnation, welche nicht duftende Blüthen lieben würde, und zwar wegen ihres Gehaltes an ätherischem Oel; die Blumendüfte werden durch ätherische Oele bedingt.

Selbst der Zeitpunkt, in welchem man die Kunst erfand, die ätherischen Oele ganz rein herzustellen, scheint uns ein sehr fern liegender zu sein, da er offenbar mit der Erfindung der Destillation zusammenfällt. Die Erfindung der Destillation wurde aber schon von den arabischen Alchymisten mindestens im achten Jahrhundert unserer Zeitrechnung gemacht.

Viel früher noch, als diesem westlichen Culturvolke war die Kunst, ätherische Oele darzustellen, den östlichen Culturvölkern bekannt. Wir erinnern hier nur daran, daß

z. B. die Chinesen, vielleicht jenes Volk, welches die längste ununterbrochene Culturperiode aufzuweisen hat, den Kampher (welcher zu den ätherischen Oelen gerechnet wird) seit undenklichen Zeiten darstellen, daß wir in der Bibel unzweifelhafte Andeutungen über die Verwendung gewisser Riechstoffe, wie Narde u. s. w. finden, und daß die Rosencultur im Euphratthale seit undenklichen Zeiten behufs der Herstellung von Rosenöl betrieben wird.

Selbst im Mittelalter, einer Zeit, welche, wie bekannt, für naturwissenschaftliche Forschungen keineswegs eine günstige genannt werden kann, kannte man schon eine große Reihe von ätherischen Oelen, die zu verschiedenen Zwecken benützt wurden.

In neuester Zeit war es namentlich die Erschließung tropischer und überseeischer Länder, welche uns fast von Jahr zu Jahr mit neuen ätherischen Oelen bekannt machte. Daß wir noch lange nicht am Ende dieser Reihe stehen, läßt sich kühn behaupten; bis zur Stunde wissen wir so gut wie nichts über das Centralland von Afrika, über Borneo, selbst über längstbekannte Länder, wie Hinter-Indien, China und Japan, sind selbst unsere geographischen Kenntnisse noch sehr mangelhaft; ungleich unvollständiger aber noch die der Naturproducte, welche sie enthalten. Wie manche Pflanze mag es dort geben, die einen großen Reichthum an ätherischen Oelen besitzen, deren Namen wir aber noch nicht einmal kennen und die noch kein europäischer Botaniker gesehen hat.

Selbst bei den europäischen Pflanzen wissen wir noch nicht genau, welche ätherischen Oele sie enthalten. Es ist nicht zu zweifeln, daß der Geruch von Pflanzen, sei derselbe nun ein angenehmer oder unangenehmer, in den meisten Fällen durch ein ätherisches Oel bedingt wird; bis zur

Stunde ist aber das riechende Princip dieser Pflanzen noch nicht für sich dargestellt worden. Als Beleg für die Richtigkeit unseres Ausspruches wollen wir nur zwei unserer in Deutschland häufig vorkommenden Orchideen erwähnen: die Orchis pallens und die Platanthera viridis, welche beide durch einen berauschenden Wohlgeruch ausgezeichnet sind, der offenbar nur durch ein ätherisches Oel bedingt sein kann, das aber unseres Wissens zur Zeit noch von niemandem rein dargestellt wurde.

Die größten Fortschritte in der Kenntniß der ätherischen Oele, so wie überhaupt aller chemischen Producte, wurden erst in neuester Zeit gemacht und sind gleichlaufend mit der Entwickelung der chemischen Wissenschaft. Ein günstiger Zufall förderte die Erforschung der ätherischen Oele im hohen Grade — der, daß die Interessen der Industrie hier mit jenen der reinen Wissenschaft zusammenfallen und die Zwecke der einen, jenen der andern fördernd unter die Arme griffen.

Gerade dadurch, daß gewisse ätherische Oele zu den kostbarsten Luxusgegenständen gehören, welche die Fabrikanten von Wohlgerüchen zur Herstellung ihrer Waaren benöthigen, gab die Veranlassung, daß man auf Mittel und Wege sann, diese Oele rein darzustellen, um an dem reinen Producte seine Eigenschaften zu studiren. Wäre nicht dieser günstige Umstand, so würden wir gewiß noch über das Wesen vieler ätherischer Oele ganz im Unklaren sein, da nur wenig Chemikern die Mittel zu Gebote stehen dürften, sich das erforderliche Rohmaterial in genügender Menge zu verschaffen und daraus die Oele herzustellen; zudem da die Herstellungskosten mancher ätherischer Oele so hohe sind, daß der Werth des gewonnenen Oeles jenen einer gleichen

Gewichtsmenge von Gold, mitunter um ein mehrfaches übertrifft.

Die ätherischen Oele stammen ihrer weitaus größeren Zahl nach aus der Pflanzenwelt, nur wenige gehören dem Thierreiche an, dem Mineralreiche entstammt nur ein einziges. Die Zahl der ätherischen Oele wird noch durch gewisse chemische Producte vermehrt, welche nie in der Natur vorkommen, nur durch Eingreifen der menschlichen Thätigkeit erhalten werden können, sich ihrem Wesen nach nirgend andershin stellen lassen, als unter die ätherischen Oele.

II.

Die allgemeinen Eigenschaften der ätherischen Oele.

Die ätherischen Oele zeigen sowohl bezüglich ihrer physikalischen als chemischen Eigenschaften sehr große Verschiedenheiten, die mitunter so tief gehende sind, daß man nur durch ein sehr willkürliches Verfahren dieselben in eine Gruppe bringen kann.

Die Mehrzahl der ätherischen Oele ist flüssig und farblos, nur wenige derselben sind feste Körper. Wir finden jedoch auch in Bezug auf den Aggregatzustand alle nur denkbaren Verschiedenheiten; während manche ätherischen Oele sehr dünnflüssig sind, erscheinen andere als fester Körper von krystallinischem Gefüge und finden sich zwischen diesen beiden Extremen alle möglichen Zwischenglieder vor, es giebt z. B. ätherische Oele, welche von salbenartiger

Beschaffenheit sind, während sich andere in Bezug auf ihre Consistenz der Butter nähern.

Manche sogenannten ätherischen Oele sind gar keine eigentlichen chemischen Verbindungen, insoferne, als man unter chemischer Verbindung einen durchaus gleichartigen Körper versteht, sondern sie sind veränderliche Gemische, welche aus mindestens zwei von einander verschiedenen Körpern bestehen. Das Verhalten mancher ätherischen Oele bei Temperatur-Erniedrigung gestattet uns einen Einblick in dieses Verhältniß. Jene ätherischen Oele, welche wahrscheinlich nur aus einer Verbindung bestehen, haben einen Siedepunkt, der fast immer gleich bleibt, während der Siedepunkt jener, welche aus einem Gemenge von Verbindungen bestehen, sehr bedeutenden Schwankungen unterliegt, welche wahrscheinlich von der größeren oder geringeren Menge der einen Verbindung abhängig sind.

Auf ähnliche Weise verhalten sich die ätherischen Oele bei Temperatur-Erniedrigung; jene, welche wir als einfache annehmen können, erstarren bei einem gewissen Temperaturgrade ihrer ganzen Masse nach, indeß diejenigen, welche aus einem Gemenge zweier Stoffe zu bestehen scheinen, bei einem gewissen Wärmegrade zum Theile erstarren, während ein anderer Theil hierbei flüssig bleibt und erst bei viel niedrigerer Temperatur fest wird.

Man benützt dieses Verhalten mancher ätherischer Oele sogar als ein Mittel, ihre Reinheit zu prüfen, und nennt den erstarrten Theil Stearopten (Talgkörper), während man den flüssig bleibenden als Elaeopten (Oelkörper) bezeichnet.

Die ätherischen Oele sind ohne Ausnahme in der Hitze flüchtig; obwohl ihre Siedepunkte im allgemeinen ziemlich hoch liegen, besitzen sie doch schon bei gewöhnlicher Temperatur die bemerkenswerthe Eigenschaft, stark zu verdunsten. Auf Papier oder ein Gewebe getropft, bringen die flüssigen ätherischen Oele durchscheinende Flecken hervor, welche denen gleichen, die durch ein flüssiges Fett (Oel) verursacht werden. Die Flecken, welche durch letztere hervorgerufen werden, sind bekanntlich bleibend, da die Fette als solche nicht zu den flüchtigen Körpern gehören; die durch ätherische Oele verursachten Flecken verschwinden aber im Laufe der Zeit vollständig, indem die Oele verdampfen. Diese Eigenschaft ist es, welche den in Rede stehenden Verbindungen den unpassenden Namen ätherische Oele verschafft hat; ihrem Wesen nach haben sie mit den Oelen nichts weiter gemein, als die erwähnte Eigenschaft, die übrigens auch anderen Körpern zukommt.

Es scheint, daß alle ätherischen Oele im Zustande vollkommener Reinheit farblos sind; wir kennen jedoch einige, welche ganz charakteristische Farben zeigen; so z. B. ist das Kamillenöl blau, das Wermuth- und das Rosenöl grün gefärbt. Bei einigen ätherischen Oelen, bei welchen man früher die Färbung als eine charakteristische Eigenschaft des betreffenden Oeles erklärte, ist es durch passende Behandlung gelungen, sie von dem färbenden Körper zu trennen, während man dies bei anderen noch nicht zu Stande gebracht hat. Selbst bei jenen Oelen, welche an und für sich unzweifelhaft farblos sind, hält es sehr schwer, sie absolut wasserhell zu erhalten; eine in's Gelbe neigende Färbung ist sehr schwer zu beseitigen.

Von anderen physikalischen Eigenschaften der ätherischen Oele, welche, wie wir später sehen werden, von großer Wichtigkeit sind, da sie die sichersten Anhaltspunkte zur Prüfung der Oele abgeben, wollen wir hier nur einige erwähnen. Alle ätherischen Oele sind brennbar, einmal angezündet verbrennen sie gewöhnlich mit heller und stark rußender Flamme.

Die Dichte der ätherischen Oele ist eine innerhalb sehr weiter Grenzen schwankende; während einige derselben nur eine Dichte besitzen, welche nur 750 Tausendstel von jener des Wassers (= 1000) beträgt, geht bei anderen die Dichte weit über die des Wassers hinaus und beträgt bis zu 1100 Tausendstel.

Bekanntlich zeigen die meisten Körper unter sonst gleichen Verhältnissen immer genau dieselben Dichten, die Schwankungen, welche man hierbei findet, sind so geringe, daß man sie mit Recht als aus Beobachtungsfehlern entspringend ansehen kann. Bei einem und demselben ätherischen Oele zeigen sich aber oft so bedeutende Unterschiede in der Dichte, daß wir dieselben als in der Beschaffenheit des Oeles selbst gelegen ansehen müssen. Es sind namentlich jene Oele, welche bei Temperatur-Erniedrigung sich in ein Stearopten und in ein Elaeopten trennen, bei welchen wir die größten Dichten-Unterschiede nachweisen können.

Diese Unterschiede werden wieder durch die wechselnden Mengen von Stearopten und Elaeopten bedingt; wenn wir das Stearopten von dem Elaeopten möglichst vollständig trennen, so zeigen beide Körper für sich ganz geringe Schwankungen in der Dichte.

Wir begegnen übrigens erheblichen Dichtenschwankungen bei solchen ätherischen Oelen, welche wir nicht als Gemenge anzusehen haben; wie wir aber sehen werden, gehören die ätherischen Oele zu den sehr veränderlichen Körpern, ein altes Oel hat in Folge dessen ganz andere Eigenschaften, als ein frisch dargestelltes. Wenn man daher die Dichte eines ätherischen Oeles genau ermitteln will, so bleibt nichts anderes über, als dasselbe unmittelbar nach seiner Darstellung aus möglichst frischen Pflanzentheilen der Prüfung zu unterziehen. Eine charakteristische Eigenschaft der ätherischen Oele, welche übrigens nur an den dünnflüssigen und durchsichtigen derselben hervortritt, ist das Lichtbrechungsvermögen; wie bei allen brennbaren Körpern ist dasselbe ein großes und kann unter Umständen zur Prüfung auf die Echtheit des Oeles verwendet werden.

Wir vermögen das Licht in einen gewissen Zustand zu versetzen, den wir als Polarisirung des Lichtes bezeichnen. Gewisse ätherische Oele zeigen dem polarisirten Lichte gegenüber ein ganz bestimmtes, charakteristisches Verhalten, welches als eines der sichersten Mittel zur Prüfung der Oele dienen kann.

Das Vorkommen der ätherischen Oele ist, wie schon angedeutet wurde, ein sehr mannigfaltiges, doch liefert die Pflanzenwelt die weitaus größere Zahl von ätherischen Oelen, während wir aus der Thierwelt nur wenige Körper kennen, welche wahrscheinlich ätherische Oele enthalten, von denen aber noch keines für sich allein dargestellt wurde.

Wir wollen hier nur jene Stoffe kurz berühren, welche der Thierwelt entstammen und wahrscheinlicher Weise ihren eigenthümlichen Geruch Körpern verdanken, welche zu den ätherischen Oelen zu rechnen sind.

Wir glauben, daß die kurze Erwähnung der genannten Stoffe in diesem Werke vollkommen gerechtfertigt ist, indem fast jeder Industrielle, welcher mit ätherischen Oelen zu thun hat, auch in die Lage kommt, sich dieser Stoffe zu bedienen. Die in Rede stehenden Stoffe sind der Moschus, die Ambra und das Zibeth.

Der Moschus, jener Stoff von dem bekannten ungemein durchdringenden Geruche stammt von dem Moschusthiere, welches auf den Hochgebirgen Asiens heimisch ist, und besteht aus der Abscheidung einer Drüse, welche sich am Unterleibe des männlichen Thieres vorfindet. Gewöhnlich kommt der Moschus im Handel sammt dem Organe, in welchem er gebildet wird, den sogenannten Moschusbeuteln, vor. Wir können es nicht unterlassen, hier die gewiß schon von vielen unserer Leser auch gemachte Bemerkung niederzuschreiben, daß manche Wiederkäuer, namentlich Hirsche und noch mehr Rinder, zu gewissen Zeiten einen Geruch verbreiten, der unzweifelhaft die größte Aehnlichkeit mit jenem des Moschus besitzt. Es ist gar nicht unwahrscheinlich, daß diese Thiere durch die Haut denselben flüchtigen Stoff ausscheiden, der sich im Moschus im concentrirtesten Zustande vorfindet.

Diese Substanz scheint übrigens in der Thierwelt mehr verbreitet zu sein, als es den Anschein hat; das Fleisch der Krokodile soll z. B. für Europäer wegen seines durchdringenden Moschusgeruches gänzlich ungenießbar sein.

Die Ambra ist ein Körper, dessen Natur bis zur Gegenwart noch so wenig erforscht ist, daß man eigentlich nicht genau weiß, woher er stammt, d. h. welche Rolle er im Körper des Potwales spielt, in welchem man die Ambra findet. Während die Absonderung des Moschus und auch jene des Zibethes höchst wahrscheinlich zu den Geschlechtsverhältnissen in inniger Beziehung steht, scheint dies beim Potwale nicht der Fall zu sein und erklären manche die Ambra für eine krankhafte Ausscheidung des Körpers. Die Ambra bildet graufärbige Knollen, welche man im Leibe des Potwales, aber auch freischwimmend im Meere antrifft und verbreitet einen Geruch, der an Intensität und Dauerhaftigkeit jenem des Moschus nur wenig nachsteht. Das Zibeth, welches ähnlich wie der Moschus aus Drüsen abgeschieden wird, stammt von mehreren Thierarten aus der

Familie der Viverren. Es ist eine der Butter ähnliche Masse, die an der Luft dunkelfarbig wird und sehr kräftigen Geruch besitzt.

Das sogenannte Bibergeil oder Castoreum, sowie das Hyraceum (letzteres stammt von dem Klippdachse, ersteres von dem gemeinen Biber) sind zwei Substanzen, welche auch ihres Geruches wegen Verwendung finden.

Das ätherische Oel, welches dem Mineralreiche angehört, ist das sogenannte Erdöl, Steinöl, Naphta oder Petroleum. Es findet sich in der Natur in riesigen Massen, besonders in nicht zu großer Entfernung von Steinkohlenlagern vor, und wird allgemein als Beleuchtungsmittel angewendet, oder zur Auflösung gewisser Stoffe benützt.

Wie aus den vorstehenden kurzen Daten zu entnehmen, ist es eigentlich die Pflanzenwelt, welche fast alle ätherischen Oele producirt. Es ist beinahe unmöglich, die Pflanzen anzugeben, in welchen ätherische Oele vorkommen; viel leichter wäre es, jene zu nennen, in denen sich ätherische Oele nicht vorfinden. Wie wir schon oben erwähnten, haben wir allen Grund anzunehmen, daß der Wohlgeruch, unter Umständen auch der Gestank, den manche Pflanzen von sich geben (ein Repräsentant der letzteren ist z. B. das gemeine schwarze Bilsenkraut), in allen Fällen durch ein ätherisches Oel bedingt wird.

Die Düfte, welche die bei uns heimischen Pflanzen aushauchen, sind noch wenig untersucht und harren noch ebenso gut des Forschers, wie die herrlichen Wohlgerüche, die von vielen tropischen Pflanzen ausgehaucht werden; zu den letzteren gehören z. B. ganz besonders die Aroideen und Orchideen-Arten.

Wenn wir jene Pflanzenfamilien besonders hervorheben wollen, welche eine ganz besonders große Menge von ätherischem Oele enthalten, so müssen wir die Coniferen oder Zapfenbäume, zu denen die Föhre, Lerche, Tanne, der Wachholder u. s. w. gehört, unter den europäischen Pflanzen in erster Reihe erwähnen. Diesen zunächst in Bezug auf Oelreichthum stehen die lippenblüthigen Gewächse oder Labiateen (Lavendel, Salbei, Thymian) und die Doldenpflanzen oder Umbelliferen (Kümmel, Anis, Coriander). Die Zwiebelgewächse liefern ebenfalls viele Vertreter, welche ätherische Oele enthalten; wir erinnern nur an die Hyacinthen, an den Knoblauch, die gemeine Zwiebel u. a. m. Andere Pflanzengattungen, wie der Diptam, gewisse Primelarten und andere zeichnen sich ebenfalls durch einen Gehalt an ätherischen Oelen aus.

So reich auch gewisse europäische Gewächse an ätherischen Oelen sein mögen, so sind sie daran arm, wenn man sie mit gewissen Pflanzen vergleicht, welche der Tropenwelt entstammen; als Beispiele erwähnen wir hier nur die frischen Muscatnüsse und die eigenthümliche Umhüllung derselben den sogenannten Macis und die Gewürznelken, welche Pflanzentheile selbst in Europa, nachdem sie eine mehrmonatliche Seereise durchgemacht haben, noch so reich an ätherischem Oele anlangen, daß letzteres durch den bloßen Druck der Finger ausgepreßt werden kann.

Es sei hier aber auf einen Umstand ganz besonders aufmerksam gemacht, der oft die Veranlassung zu einer ganz falschen Anschauung gegeben hat. Im allgemeinen wird jene Pflanze für reicher an ätherischem Oele gehalten, welche einen stärkeren Duft besitzt. Wenn dies richtig wäre, so müßten z. B. die Hyacinthen mehr ätherisches Oel enthalten, als unsere Nadelhölzer, während sie in Wirklichkeit so wenig davon besitzen, daß die Abscheidung des Oeles ungemein schwierig ist. Es ist nicht die Menge des ätherischen

Oeles, welche die Stärke des Geruches bedingt; es ist vielmehr ganz entschieden die Qualität desselben, der man die Stärke des Geruches zuschreiben muß; eine Pflanze kann sehr schwach riechen und doch sehr viel ätherisches Oel enthalten.

Es giebt keinen Pflanzentheil, in welchem nicht ätherische Oele angetroffen würden, wir finden bei den verschiedenen Pflanzenarten ätherisches Oel in jedem Pflanzentheile, von der Wurzel bis zur Frucht, wie z. B. bei den eigentlichen Coniferen; wir finden aber auch häufig, daß bestimmte Theile der Pflanze die Speicher sind, in welchen die ätherischen Oele angehäuft werden.

Bei sehr vielen blühenden Pflanzen finden wir die ätherischen Oele ausschließlich in den Blüthen, wie z. B. in den Rosen, den Veilchen, Maiglöckchen und vielen anderen; nur die Blüthe duftet, alle anderen Theile der Pflanze sind geruchlos. In vielen Pflanzen gelangt das ätherische Oel erst in der Frucht zur Ausbildung, wie z. B. in den Muscatnüssen, während es in anderen am reichlichsten in den unentwickelten Knospen angetroffen wird (Gewürznelken).

In manchen Laurineen, deren Blüthen und Früchte zwar auch ätherische Oele enthalten, findet sich die weitaus größte Menge des Oeles in der Rinde vor, wie dies z. B. beim Zimmtlorbeer der Fall ist.

In wohlriechenden Früchten kommen ätherische Oele häufig nur in der äußeren Umhüllung, in der Schale der Frucht vor, wie in den Orangen und Citronen, deren Schalen sehr reich an ätherischem Oele sind, während das Fruchtfleisch keine Spur davon enthält. Auch manche Aepfel enthalten in ihren Schalen ein ätherisches Oel, während das Fruchtfleisch geruchlos ist. Nicht selten sind es auch die Wurzelstöcke, welche als die eigentlichen Behälter der ätherischen

Oele angesehen werden müssen; der gemeine Calmus, die florentinische Schwertlilie und andere Pflanzen haben Wurzeln, welche sehr reich an ätherischen Oelen sind, während die Pflanze selbst nur Spuren enthält, welche durch den Geruch gar nicht wahrnehmbar sind.

Bei manchen Pflanzen sind es eigenthümliche drüsenartige Organe, welche in reichlicher Menge ätherisches Oel enthalten. Wir nennen hier nur die bekannte schöne Kalkalpen-Pflanze Süddeutschlands, den weißwurzeligen Diptam, dessen Stängel mit Oeldrüsen ganz besetzt ist und einen angenehmen, dem der Citronen ähnlichen Geruch verbreitet. Nach einer Sage soll der Reichthum dieser Pflanze an ätherischem Oel so groß sein, daß in heißen Sommernächten der Dampf des Oeles brennend wird, wenn man der Pflanze ein brennendes Licht nähert. Uns ist dieser Versuch nie gelungen.

Oft sind es nur gewisse Theile der Früchte, welche ätherisches Oel enthalten; in den, Tannenzapfen ähnlichen Früchten des Hopfens findet sich z. B. ein feiner pulverförmiger Körper, das sogenannte Hopfenmehl vor, welcher nebst anderen Substanzen eine bedeutende Menge des ätherischen Hopfenöles enthält.

Nicht selten ist das Holz und dann zugleich die ganze Pflanze der Träger der ätherischen Oele, wie dies z. B. bei den Coniferen und beim Campherbaum der Fall ist.

Es scheint, als wenn die ätherischen Oele in vielen Pflanzen zu jenen Stoffen gehören würden, welche keinen eigentlichen Antheil mehr an dem Lebensvorgange der Pflanze selbst nehmen; wir finden sie in eigenen Behältern, den Oelgängen oder Schläuchen eingeschlossen, oder zwischen den Gefäßbündeln des Holzes in größeren Massen abgelagert (Campher); in manchen Pflanzen hingegen lassen sie sich durch das Mikroskop in fast allen Gefäßen und bei manchen fast sogar in jeder einzelnen Zelle nachweisen.

Wir kennen mehrere Verbindungen, welche ihren Eigenschaften nach unbedingt in die Reihe der ätherischen Oele gestellt werden müssen, welche sich aber in den Pflanzen nicht fertig gebildet vorfinden, sondern erst in Folge gewisser chemischer Processe entstehen, welche gewisse eigenthümliche Stoffe durchmachen, die sich in den betreffenden Pflanzentheilen vorfinden. Ein derartiges Oel ist z. B. das Bittermandelöl.

Die bitteren Mandeln enthalten kein ätherisches Oel, wohl aber einen Amygdalin (Mandelstoff) genannten Körper, aus welchem Bittermandelöl entstehen kann. Es sei aber hier bemerkt, daß die Blüthen des Mandelbaumes, des Pfirsichbaumes und anderer in die Familie der Drupaceen gehörenden Pflanzen, wenn auch nur sehr schwach, so doch ganz bestimmt nach Bittermandelöl riechen.

Die allgemeinen Bemerkungen, welche wir über die ätherischen Oele hier angeführt haben, werden genügen, um zu zeigen, daß wir es hier mit einer Reihe von Verbindungen zu thun haben, welche ebenso große Mannigfaltigkeit in Bezug auf ihre Abstammung als auf ihre inneren Eigenschaften zeigen. Erst die genauere Auseinandersetzung der chemischen Beschaffenheit der ätherischen Oele wird uns die Mittel an die Hand geben, die große Anzahl der hieher gehörigen Körper in gewisse Abtheilungen zu bringen.

III.

Die chemischen Eigenschaften der ätherischen Oele.

Wie alle chemischen Verbindungen bestehen auch die ätherischen Oele aus einfachen Stoffen, Grundstoffen oder Elementen. Die Zahl der Elemente, welche wir in den ätherischen Oelen antreffen, ist sehr klein, es sind im ganzen nur fünf einfache Körper, aus denen sich die große Reihe aller ätherischen Oele aufbaut.

Die Elemente, aus welchen sich die ätherischen Oele zusammensetzen, sind Kohlenstoff (Carbonium = C), Wasserstoff (Hydrogenium = H), Sauerstoff (Oxygenium = O), Stickstoff Nitrogenium = N) und Schwefel (Sulphur = S). Wir haben neben dem deutschen Namen jedes dieser Grundstoffe den lateinischen beigesetzt, dessen Anfangsbuchstabe von den Chemikern zur kurzen Bezeichnung des betreffenden Elementes gebraucht wird. Diese Buchstaben bezeichnen aber nicht nur den Namen des Elementes, sondern sie stehen zugleich für die kleinste Gewichtsmenge des betreffenden Elementes, welche überhaupt in einer Verbindung enthalten sein kann. Man nennt diese Gewichtsmenge ein Atom oder ein Aequivalent.

Man hat gefunden, daß dem Wasserstoffe unter allen bekannten Körpern das kleinste Atomgewicht zukomme und hat es darum als Einheit angenommen; die für die Atomgewichte der anderen Elemente angegebenen Zahlen zeigen demnach an, um wie viel mal ein Atom derselben schwerer ist, als ein Atom Wasserstoff. Diese Zahlen sind für Kohlenstoff = C = 12, für Sauerstoff = O = 16, für Schwefel

= S = 32 wenn, wie erwähnt Wasserstoff = H = 1 gesetzt wird. Die Anzahl von Atomen, welche in einer Verbindung enthalten sind, wird durch eine Zahl ausgedrückt, welche unten rechts dem für das Element gewählten Zeichen angehängt wird.

$C_{10} H_8$ bedeutet demzufolge eine Verbindung, welche aus zehn Atomen Kohlenstoff und acht Atomen Wasserstoff zusammengesetzt ist.

Die weitaus größere Zahl der ätherischen Oele besteht blos aus zwei Elementen, aus Kohlenstoff und Wasserstoff C und H, eine zweite Gruppe enthält Kohlenstoff, Wasserstoff und Sauerstoff C, H und O und nur eine kleine Anzahl derselben enthält außerdem noch Schwefel, Stickstoff und ist demnach aus C, H, O, N und S zusammengesetzt.

Wenn wir die chemische Zusammensetzung der ätherischen Oele als Basis der Eintheilung annehmen, so ergeben sich von selbst folgende drei Haupt-Abtheilungen:

1. Sauerstofffreie ätherische Oele, oder Kohlenwasserstoffe, bestehend aus C H.

2. Sauerstoffhaltige ätherische Oele, bestehend aus C H O.

3. Schwefelhaltige ätherische Oele, bestehend aus C H O S.

Wir können diese Eintheilung noch dadurch zu einer praktischeren machen, daß wir nicht blos die chemischen Verhältnisse, sondern auch die botanischen in's Auge fassen, indem in gewissen Pflanzenfamilien auch meist eine bestimmte Gruppe von ätherischen Oelen vorkommt; doch ist eine solche Eintheilung nach der pflanzlichen Abstammung der Oele für sich allein nicht gut durchführbar; wir finden z. B. Schwefelhaltige Oele in der Familie der Zwiebelgewächse als auch in jener der kreuzblüthigen Pflanzen u. s. w.

Die sauerstofffreien ätherischen Oele zeigen in Bezug auf ihre chemische Zusammensetzung sehr merkwürdige Eigenschaften. Die meisten derselben erweisen sich mit Rücksicht auf die Anzahl der Atome Kohlenstoff und Wasserstoff, aus denen sie zusammengesetzt sind, als vollkommen gleichartig und bestehen aus $C_{10} H_8$.

Trotz dieser Gleichartigkeit sind sie verschiedene Körper, welche in Bezug auf Färbung, Dichte, Lichtbrechungsvermögen und sonstiges optisches Verhalten, sowie in Bezug auf ihren Siedepunkt und physiologische Wirkung die größten Verschiedenheiten zeigen. Die Chemiker kennen viele Reihen von Körpern, welche bei ganz gleicher chemischer Zusammensetzung verschiedene Eigenschaften besitzen und bezeichnen derartige Körper als isomere Körper. Die sauerstofffreien ätherischen Oele sind ein lehrreiches Beispiel einer großen Reihe von isomeren Körpern.

Die ätherischen Oele und wieder ganz besonders die sauerstofffreien ätherischen Oele sind Körper von großer Unbeständigkeit, das heißt sie verwandeln sich ungemein leicht in andere Körper. Schon die Einwirkung des Lichtes reicht hin, um ein ätherisches Oel in Bezug auf seine chemischen und physikalischen Eigenschaften zu einem von dem ursprünglichen ganz verschiedenen Körper zu machen. Noch weit energischer geht aber diese Veränderung an den ätherischen Oelen vor sich, wenn sie der Einwirkung der Luft ausgesetzt werden, und zwar ist es der in der Luft enthaltene freie Sauerstoff, welcher in sehr lebhafte chemische Wechselwirkung mit den ätherischen Oelen tritt und sie allmälig in Körper zu verwandeln vermag, welche nichts mehr mit den ätherischen Oelen gemein haben und Harze genannt werden.

Wenn man ein ätherisches Oel dem Lichte aussetzt, so wird es gewöhnlich dunkelfarbiger, schwerer entzündlich und brennt mit starker rußender Flamme. Es ist dies eine Erscheinung, welche man besonders an älterem Terpentinöl wahrnehmen kann. Da diese Veränderung auch vor sich geht, wenn man die ätherischen Oele bei völligem Luftabschluß dem Lichte aussetzt, so kann die Ursache derselben offenbar nur in einer noch nicht genauer bekannten Einwirkung des Lichtes auf das ätherische Oel liegen; vielleicht — und dies ist höchst wahrscheinlich — findet hierbei eine sogenannte moleculare Veränderung, d. h. eine Umlagerung der kleinsten Theile statt.

Dem Sauerstoffe der Luft gegenüber zeigen die ätherischen Oele ein ganz eigenthümliches Verhalten; sie verwandeln denselben in Ozon. Der Körper, welchen wir als Ozon bezeichnen, ist nichts anderes als Sauerstoff, aber Sauerstoff in einem Zustande erhöhter Thätigkeit. Der gewöhnliche Sauerstoff ist geruchlos und ohne Einfluß auf Pflanzenfarben. Der in Form von Ozon vorkommende Sauerstoff ist von einem ganz eigenthümlichen Geruche (der sogenannte Blitzgeruch nach heftigen Gewittern wird durch Ozon bedingt) und besitzt Fähigkeiten, welche dem gewöhnlichen Sauerstoffe mangeln: er wirkt sehr energisch bleichend auf organische Farbstoffe ein. Die Kork-Stöpsel jener Flaschen, welche ätherische Oele enthalten, werden im Laufe einiger Wochen vollständig durch das sich bildende Ozon gebleicht.

Bei dieser Umwandlung des Sauerstoffes in Ozon wird aber das ätherische Oel selbst auch verändert, indem es Sauerstoff aufnimmt und hierbei immer dunklerfarbig und dickflüssig wird. Gleichzeitig verliert es hierbei immer mehr an Geruch, indem aus dem stark riechenden ätherischen Oele ein geruchloser Körper entsteht.

Die Producte, welche nach der Aufnahme einer so großen Menge von Sauerstoff als nur möglich Seitens der ätherischen Oele entstehen, sind geruchlos, fast alle fest und werden als Harze bezeichnet. Unrichtiger Weise bezeichnet man in manchen Fällen Gemenge aus ätherischem Oele und Harzen als Harze direct, was offenbar unrichtig ist. Jene halbweichen, oder nur dickflüssigen Körper, welche man in manchen Fällen als Harze bezeichnet, gehören nicht zu diesen, sondern in eine bestimmte Gruppe von Gemengen ätherischer Oele und Harzen, die man zu den Balsamen rechnet.

Dem gesagten zur Folge bestehen alle Balsame zum Theil aus ätherischem Oele und fertig gebildetem Harze, welches in dem Oele aufgelöst ist und ihm durch seine größere oder geringere Menge auch eine größere oder geringere Dickflüssigkeit ertheilt. Die Balsame im allgemeinen, wie der Terpentin, der Peru- und Tolu-Balsam sind derartige Gemenge aus einem ätherischen Oele und einem Harze.

Wenn wir die Einwirkung des Sauerstoffes auf die ätherischen Oele bis zu ihrer Vollendung verfolgen, so ergiebt sich als Endproduct derselben stets eine Verbindung, welche fest, nicht krystallinisch, geruchlos und geschmacklos ist, den chemischen Reagentien gegenüber sich aber als Säure verhält; wir nennen diese durch Sauerstoff-Aufnahme aus den ätherischen Oelen enstandenen Verbindungen im gewöhnlichen Leben Harze.

Das lehrreichste Beispiel für diese eigenthümliche Umwandlung der ätherischen Oele in Säuren bietet das gewöhnliche Terpentinöl dar, welches aus unseren Nadelbäumen in großen Mengen gewonnen wird. Aus dem Baumstamme fließt bei einer gewissen Behandlung das Terpentinöl als ziemlich dünne Flüssigkeit aus, welche aber bald, namentlich wenn der Stamm des Baumes der

Einwirkung des Sonnenlichtes ausgesetzt ist, dickflüssiger wird und als eine dickflüssige Masse, als sogenanntes Fichtenharz gesammelt wird. Dieses besteht aus noch unverändertem ätherischen Oele, dem Terpentingeist oder rectificirtem Terpentinöle des Handels und aus jenem Körper, welchen die Chemiker als eigentliches Fichtenharz, die Kaufleute als Colophonium bezeichnen.

In chemischer Beziehung ist das einem gelben Glase vergleichbare Colophonium ein Gemenge aus zwei Säuren, welche man als Pinin- und Silvinsäure bezeichnet hat. Nach anderen Angaben ist im Fichtenharze nur eine einzige Säure enthalten.

Ein ähnliches Verhalten zeigen gewisse ätherische Oele der Tropenländer, wie z. B. das vom Drachenblutbaume herrührende, welches gleichzeitig mit einem dunkelroth gefärbten Farbstoff ausfließt, an der Luft verharzt und Stocklack genannt wird. Das von dem anhängenden Farbstoffe befreite Harz führt im Handel den Namen Schellack.

Wir könnten hier noch eine große Reihe von Substanzen aufzählen, welche theils aus Gemischen von ätherischen Oelen und Harzen allein, theils auch aus solchen mit Pflanzenschleim und Farbstoffen bestehen; immer aber würden wir auf das Verhältniß zurückkommen, daß diese Stoffe durch Sauerstoffaufnahme der ätherischen Oele entstehen.

Das Verhalten der ätherischen Oele gegen Licht und Sauerstoff ist ein nicht nur für den Mann der Wissenschaft, sondern auch im hohen Grade für den Fabrikanten und Kaufmann wichtiges, indem sich aus demselben wichtige Regeln für die Aufbewahrung der ätherischen Oele ergeben, welche sich darin zusammen fassen lassen, daß die ätherischen Oele möglichst vor Einwirkung des Lichtes und des Sauerstoffes geschützt werden müssen, indem sonst aus ihnen

Producte entstehen, die einen bedeutend geringeren Handelswerth besitzen, als die reinen, unveränderten Oele.

Die chemischen Eigenschaften der ätherischen Oele anderen chemischen Verbindungen gegenüber sind solche, wie sie sich von Körpern erwarten lassen, welche ein großes Bestreben haben, sich mit Sauerstoff zu verbinden. Bringt man ätherische Oele mit solchen chemischen Producten zusammen, welche leicht Sauerstoff abzugeben vermögen (oxydirend wirken), so erfolgt der Proceß der Sauerstoff-Aufnahme ungemein rasch und findet sehr schnell ein Verharzen des Oeles statt.

Wählt man sehr kräftige Oxydationsmittel, wie z. B. rauchende Salpetersäure, so geht die Sauerstoff-Aufnahme Seitens der ätherischen Oele mit solcher Energie von statten, daß sie wirklich in einen wahren Verbrennungsproceß, welcher von Feuer- und Lichtentwickelung begleitet ist, umschlägt. Wenn man z. B. Terpentinöl in mäßig erwärmte rauchende Salpetersäure gießt, so erfolgt eine stürmische Gasentwickelung und nach einigen Secunden eine Entflammung des Terpentinöles.

Selbst, wenn man so verdünnte Salpetersäure anwendet, daß sie bei gewöhnlicher Temperatur noch keine Wirkung auf das Terpentinöl äußert, so tritt diese dennoch ein, sobald man die Flüssigkeiten mäßig erwärmt; es entwickeln sich rothbraune unangenehm riechende Dämpfe von Untersalpetersäure und das Oel geht hierbei rasch in harzartige Massen über.

Auf ähnliche Weise, nur minder energisch, verhalten sich die ätherischen Oele anderen oxydirend wirkenden Körpern gegenüber; solche sind z. B. Chlor, Brom, Jod, Aetzkali und so weiter und findet die Einwirkung dieser Agentien um so kräftiger statt, wenn Wasser zugegen ist.

Körpern gegenüber, welche selber energisch Sauerstoff aufzunehmen trachten, verhalten sich die ätherischen Oele ganz indifferent; man verwendet z. B. dieses Verhalten, um gewisse Metalle, welche sich an der Luft sehr rasch verändern würden, beliebig lange zu conserviren; Kalium, Natrium, Lithium, Calcium und mehrere andere sogenannte Erdmetalle ziehen so gierig Sauerstoff aus der Luft an, daß sie in ganz kurzer Zeit in Oxyde (Sauerstoffverbindungen der Metalle) verwandelt werden. Um sie vor dieser Veränderung zu schützen, bewahrt man sie unter ganz sauerstofffreien ätherischen Oelen auf.

IV.

Die physiologischen Eigenschaften der ätherischen Oele.

Es erscheint uns hier der geeignete Ort zu sein, auch einiges über die physiologischen Eigenschaften und Wirkungen der ätherischen Oele — das ist der Wirkungen derselben auf unseren Körper — anzuführen, was uns um so gerechtfertigter erscheint, als sich ja alle Lebensvorgänge in letzter Linie doch auf chemisch-physikalische Vorgänge zurückführen lassen.

Manche ätherischen Oele besitzen ganz bestimmte medicinische Kräfte und werden darum auch als Heilmittel für äußerliche und innerliche Krankheiten angewendet. Es liegt nicht innerhalb des Rahmens des vorliegenden Werkes diese Eigenschaften näher auseinander zu setzen, da dieselben in den Bereich der Heilkunde gehören.

Was uns hier ganz besonders interessirt, ist die Wirkung der ätherischen Oele auf das Nervensystem. Dieselbe erstreckt sich in Wahrheit auf den gesammten Nervenapparat, auf welchen sie anregenden Einfluß übt. Schon der Sprachgebrauch weist auf diese Wirkung hin; man spricht von dem erfrischenden, berauschenden, selbst betäubenden Duft gewisser Pflanzen (respective der von ihnen ausgehauchten ätherischen Oele) und versteht hierunter die Einwirkung desselben auf das ganze Nervensystem. Wie kräftig diese Einwirkung thatsächlich ist, läßt sich daraus entnehmen, daß sich bei sensitiven Personen durch das bloße Einathmen von Luft, welche stark mit Blumendüften geschwängert ist, mitunter sehr merkbare Störungen der Nerventhätigkeit einstellen.

Jedes ätherische Oel verbreitet einen eigenthümlichen Geruch, und zwar die meisten derselben einen solchen, welcher der Mehrzahl der Menschen angenehm ist. Doch giebt es hier subjective Eigenthümlichkeiten in hoher Zahl; während gewisse ätherische Oele für manchen Menschen äußerst lieblich riechen, sind sie anderen indifferent, ja selbst widerwärtig. Obwohl das riechende Princip des Moschus, wie erwähnt, noch nicht in reinem Zustande dargestellt wurde, so haben wir doch viele Gründe dafür, dasselbe mit den ätherischen Oelen mindestens sehr verwandt zu halten; während manchen Individuen der Moschusgeruch ein sehr angenehmer ist, erscheint er andern als höchst widerwärtig.

Wenn man ein reines ätherisches Oel mit dem Geruchsorgane prüft, so ist die Geruchsempfindung in allen Fällen eine derartige, daß sie niemand für eine angenehme erklären wird; man kann mit viel mehr Recht sagen, daß der Geruch der ätherischen Oele im reinen Zustande sich mehr jener Wahrnehmung nähere, die man als widerlich betäubenden Geruch, denn als Duft bezeichnen kann.

Erst wenn man das ätherische Oel entsprechend verdünnt, und zwar muß dies in sehr hohem Grade geschehen, fängt der Geruch an lieblich zu werden und sich dem jener Pflanze oder des Pflanzentheiles zu nähern, welche man wegen ihres Wohlgeruches schätzt. Ein ganz besonders lehrreiches Beispiel bietet in dieser Beziehung das ätherische Oel der Veilchen dar, welches in reinem Zustande einen widerlich betäubenden Geruch besitzt, der nicht im entferntesten an jenen der Veilchen erinnert, welcher aber stufenweise in den bezauberndsten Veilchenduft übergeht, wenn man das Oel auf entsprechende Weise verdünnt.

Da in den meisten Gewerben, welche ätherische Oele anwenden, dieselben ausschließlich wegen ihres Wohlgeruches Benützung finden, so ist diese Eigenschaft der ätherischen Oele eine sehr wichtige; namentlich bei Herstellung solcher Präparate, welche entweder ausschließlich oder der Hauptsache nach auf das Geruchsorgan zu wirken bestimmt sind.

Der Parfum- und Liqueurfabrikant sind in dieser Lage; es kann keinen gröberen Fehler für den Parfum-Fabrikanten geben, als den, einen zusammengesetzten Parfum, d. h. einen solchen, welcher mehr als ein ätherisches Oel enthält, so zu combiniren, daß ein gewisses Oel sogleich erkannt wird. Dasselbe gilt für den Liqueurfabrikanten. Nur in jenen Fällen, in welchen ein nach einer entschieden riechenden Pflanze duftender Parfum oder Liqueur hergestell werden soll, darf und muß sogar von dem betreffenden ätherischen Oele so viel genommen werden, daß der Geruch desselben leicht erkennbar ist. Ein Rosen-Parfum oder Liqueur muß bestimmt nach Rosen riechen, ebenso wie ein Extrait de Violettes oder ein Veilchenliqueur den specifischen Geruch der genannten Pflanze besitzen muß.

V.

Die physikalischen Eigenschaften der ätherischen Oele.

Obwohl schon in den vorstehenden Abschnitten dieses Werkes einiges über die physikalischen Eigenschaften der ätherischen Oele im Allgemeinen gesagt wurde, so ist es dennoch nothwendig, dieselben des Breiteren zu besprechen und zwar darum, weil die physikalischen Eigenschaften oft in ungleich höherem Grade sichere Anhaltspunkte bezüglich der Reinheit eines ätherischen Oeles geben, als die chemischen Eigenschaften, die oft den Reagentien gegenüber nur sehr geringfügige Unterschiede zwischen zwei ätherischen Oelen ergeben.

Die Dichte der ätherischen Oele.

Die Mehrzahl der ätherischen Oele besteht aus flüssigen Körpern, welche meistens ein geringeres specifisches Gewicht als das Wasser besitzen, obwohl einige derselben eine bedeutend größere Dichte besitzen. Leider haben wir über die Dichte der ätherischen Oele noch keine Angaben, welche als vollkommen zuverlässige angesehen werden können, indem fast Jeder, welcher sich mit der Dichtenbestimmung der ätherischen Oele beschäftigt, Zahlen findet, welche von denen anderer Forscher oft um ein bedeutendes abweichen.

Die Ursachen dieser Abweichungen liegen nicht in den zur Dichtenbestimmung angewendeten Methoden, welche gegenwärtig schon so weit vervollkommnet sind, daß sie einen hohen Grad von Genauigkeit zulassen, sondern in den in Arbeit genommenen Oelen selbst. Es scheint, daß nicht nur das Alter des Oeles, sondern auch die Vegetationsverhältnisse der Pflanze, aus welcher es dargestellt wurde, und die Art der Gewinnung von Einfluß auf die Dichte eines ätherischen Oeles sind.

Es wäre eine freilich sehr mühevolle, aber auch höchst verdienstliche Arbeit für einen Chemiker, eine große Reihe von ätherischen Oelen, von welchen ihm nicht nur das Alter derselben allein, sondern auch der Pflanzen, von welchen sie stammen, wohlbekannt sind, in Bezug auf ihre Dichte genau zu prüfen. Man würde hierdurch Anhaltspunkte gewinnen, welche die wichtigsten Aufschlüsse über etwaige Verfälschungen mit anderen ätherischen Oelen oder anderen Körpern, wie Weingeist, Chloroform u. s. w. bieten würden.

Manche ätherische Oele sind stark krystallinische Körper, deren Krystalle aber, obwohl schön ausgebildet, eigenthümlich weich und zäh erscheinen. Man benennt diese Art von ätherischen Oelen im Allgemeinen als Camphore oder Campherarten.

Der Siedepunkt und Erstarrungspunkt der ätherischen Oele.

Bezüglich dieser beiden Factoren walten ähnliche Verhältnisse, wie rücksichtlich der Dichte: es fehlen uns genau bestimmte Angaben über dieselben. Im Allgemeinen haben die ätherischen Oele Siedepunkte, welche weit über jenem des Wassers liegen, besitzen aber trotzdem die Eigenschaften sehr flüchtiger Körper; die meisten sind so flüchtig, daß man sie mit Wasserdämpfen von der Temperatur des siedenden Wassers vollständig verflüchtigen kann; noch größer ist selbstverständlich die Flüchtigkeit bei Anwendung von gespannten Wasserdämpfen. Auf diesem Verhalten der ätherischen Oele beruht eigentlich die Darstellung der meisten derselben.

Der Erstarrungspunkt der ätherischen Oele zeigt die merkwürdigsten Abstände; wir kennen solche, welche schon bei gewöhnlicher Temperatur eine fast butterartige Consistenz haben und erst beim künstlichen Erwärmen vollständig verflüssigt werden, während andere selbst bei bedeutenden Kältegraden noch nicht fest werden.

Die Löslichkeit der ätherischen Oele.

Die ätherischen Oele lösen sich gegenseitig in jedem Verhältnisse auf, eine Eigenschaft, welche leider nur zu häufig dazu benützt wird, um ein kostbares Oel mit einem minder werthvollen zu verfälschen. In starkem Weingeist, in den leicht flüchtigen Kohlenwasserstoffen, die sich aus dem rohen Petroleum darstellen lassen, dem sogenannten Petroleumäther, sowie in Chloroform, Schwefelkohlenstoff und Aether lösen sie sich sehr leicht auf und sind auch mit fetten Oelen (den eigentlichen Oelen) meistens in beliebigen Verhältnissen mischbar.

Dem Wasser gegenüber verhalten sich die ätherischen Oele auf die Weise, daß sie sich, wie erwähnt, mit den Dämpfen desselben verflüchtigen lassen. Das Wasser löst hierbei eine, wenn auch verhältnißmäßig geringe Menge des ätherischen Oeles auf; immerhin ist die Quantität des aufgelösten Oeles genügend, um dem Wasser den Geruch und Geschmack des betreffenden Oeles zu verleihen.

Man nennt solche Wässer, welche mit den Pflanzenstoffen behufs der Gewinnung von ätherischen Oelen destillirt wurden, aromatisirte Wässer, und finden dieselben, da sie den Geruch und Geschmack in entsprechender Verdünnung zeigen, eine ausgedehnte Anwendung in der Parfumerie und

Liqueurfabrikation und werden wir deshalb auch noch auf dieselben etwas eingehender zurückkommen.

Die ätherischen Oele besitzen selbst ein bedeutendes Lösungsvermögen für verschiedene Körper; Schwefel, Phosphor, Fette, Harze, Kautschuk und andere Stoffe lösen sich in ihnen ziemlich leicht; ebenso werden auch eingetrocknete Firnisse durch ätherische Oele allmälig aufgelöst. Dieser Eigenschaften wegen finden manche häufig vorkommende und daher billige ätherische Oele vielfache Anwendung als Lösungsmittel.

Die optischen Eigenschaften der ätherischen Oele.

Als brennbaren Körpern kommt den flüssigen ätherischen Oelen ein sehr bedeutendes Lichtbrechungsvermögen zu, das heißt sie vermögen die Lichtstrahlen, welche man durch sie gehen läßt, stärker abzulenken, als viele andere Körper. Dem polarisirten Lichte gegenüber verhalten sich die verschiedenen ätherischen Oele auf sehr eigenthümliche Weise, indem sie in den Polarisations-Apparat gebracht, das Licht je nach ihren besonderen Eigenschaften, um eine bestimmte Größe, nach der einen oder anderen Richtung ablenken.

Diese beiden Verhältnisse: das Lichtbrechungsvermögen im Allgemeinen und das Verhalten gegen das polarisirte Licht im Besonderen würden treffliche Anhaltspunkte geben, ein ätherisches Oel auf seine Reinheit zu prüfen. Leider kennt man bis jetzt nur bei wenigen ätherischen Oelen diese Verhältnisse genauer, und sind auch die Prüfungsmethoden, welche hierbei in Anwendung kommen müssen, etwas umständlichere, daß sie nicht leicht in der Praxis Eingang finden, da der Praktiker stets nach Proben verlangt, welche sehr rasch und ohne Zuhilfenahme complicirter Apparate durchführbar sind.

Es ist kein Zweifel, daß auch das Leitungsvermögen der ätherischen Oele für Elektricität, ihr magnetisches Verhalten und andere physikalische Eigenschaften werthvolle Anhaltspunkte für die Prüfung der Oele darbieten würden; doch harren diese Untersuchungen noch immer der Forscher, welche mit den genügenden wissenschaftlichen Kenntnissen und Apparaten ausgestattet sind, um sie mit der erforderlichen Genauigkeit auszuführen.

VI.

Die Gewinnung der ätherischen Oele.

Die Methoden, welche man zum Zwecke der Gewinnung von ätherischen Oelen einschlägt, sind sehr verschiedene, je nach der Beschaffenheit des Pflanzentheiles, der das Oel enthält, und nach der Menge des letzteren, welches in den Pflanzenkörpern enthalten ist. Es ist begreiflich, daß man ein anderes Verfahren einschlagen muß, um das duftende Princip einer kleinen Blume zu gewinnen, als um das ätherische Oel aus einem Holze herzustellen oder dasselbe aus einer fleischigen Frucht zu gewinnen.

Welche Methode überhaupt angewendet werden kann, hängt in erster Linie sogar weniger von der Beschaffenheit des Pflanzentheiles als von den Eigenschaften des ätherischen Oeles ab, welches in demselben vorkommt. Um hierüber ein Beispiel anzugeben, wollen wir nur erwähnen, daß Orangenschalen, welche ganz verschrumpft und lederartig geworden sind, dennoch ihren Geruch seiner Qualität nach unverändert beibehalten; derselbe wird durch Verdampfung und Verharzung eines Theiles des Oeles einfach schwächer.

Rosenblätter, welche man an der Luft getrocknet hat, behalten Jahre hindurch einen Geruch, welcher an den der Rose zum mindesten erinnert, obwohl er von jenem einer frischen Blüthe sehr weit entfernt ist. Versucht man es hingegen Veilchen, Maiglöckchen und viele andere duftende Waldblumen aufzubewahren, so ist jede Mühe vergebens, den Geruch zu bewahren; derselbe entschwindet, ehe noch die Pflanze ganz welk geworden ist, vollkommen und macht jenem bekannten Geruche Platz, welchen wir an allen grünen Pflanzen beim Trocknen wahrnehmen.

Nach dem, was wir soeben über die Veränderlichkeit der Gerüche gewisser Pflanzen bei längerem Aufbewahren angeführt haben, bleibt dem Fabrikanten, welcher derartige ätherische Oele darstellen will, gar nichts anderes über, als sich das Rohmaterial, das ist in diesem Falle die duftenden Blüthen, selbst herzustellen oder dafür Sorge zu tragen, daß ihm dieselben in vollkommen frischem Zustande in genügenden Mengen in die Fabrik gebracht werden. Mit Berücksichtigung der Blüthezeit der duftenden Pflanzen wird der Betrieb der Fabrik so einzurichten sein, daß während dieser Periode jede andere Arbeit ruht und alle Kräfte zusammenwirken können, um möglichst große Quantitäten des veränderlichen Rohmateriales rasch aufzuarbeiten. Die übrige Zeit des Jahres kann zur Gewinnung von ätherischen Oelen, welche aus Hölzern, Früchten u. s. w. stets herzustellen sind, benützt werden. Uebrigens giebt schon die Reindarstellung der ätherischen Oele aus den Rohproducten so viel Arbeit, daß dadurch die Thätigkeit der Fabrik für längere Zeit in Anspruch genommen wird.

Die deutschen Fabrikanten ätherischer Oele beschränken sich meistens darauf, nur jene ätherischen Oele anzufertigen, welche jederzeit aus dem Urmateriale hergestellt werden können. Sie bleiben aber hierdurch auf einer entschieden niederern Stufe stehen, als jene Fabrikanten, welche sich die Darstellung der ätherischen Oele aus frischen Blüthen zur Aufgabe gemacht haben.

In dieser Beziehung stehen die französischen Fabrikanten oben an und reihen sich ihnen zunächst für gewisse ätherische Oele die englischen Fabrikanten an. In Frankreich waren es wohl mehrere Factoren, welche die Veranlassung zur Entstehung einer Industrie gaben, die wohl einzig in der Welt dasteht. Die große Vorliebe der romanischen Völker für Wohlgerüche überhaupt, so wie die günstigen klimatischen Verhältnisse, welche der französische Süden besitzt, leisteten der Anpflanzung duftender Pflanzen im großartigsten Maßstabe den wesentlichsten Vorschub.

Es sind ganz besonders die Städte Grasses, Cannes, Nizza, und nebst diesen auch noch Monaco, welche man nicht ohne Grund die Blumenstädte nennt; viele Hunderte von Hektaren des besten Bodens sind dort mit wohlriechenden Pflanzen, wie Veilchen, Jasmin, echten Acacien, Pomeranzenbäumchen u. s. w. bedeckt, welche Pflanzen ausschließlich dazu dienen, ihre Blüthen an die Fabrikanten ätherischer Oele abzugeben. In Algier, einem Lande, in dem die klimatischen Verhältnisse noch günstiger sind, als in Süd-Frankreich, werden ebenfalls Pflanzen, welche die feinsten Pflanzendüfte enthalten, in großen Mengen angebaut.

In England erstreckt sich die Cultur jener Pflanzen, welche ätherisches Oel liefern, nur auf wenige Species, denen das englische Klima besonders zuzusagen scheint; man findet dort an einigen Orten Anpflanzungen von Lavendel und der Pfeffermünze, welche durch ihre Ausdehnung jeden Besucher in Staunen versetzen.

Die Tropenländer erzeugen eine große Menge von duftenden Pflanzen, welche aber mit Ausnahme jener, deren Wohlgerüche besonders haltbar sind, wie z. B. jener des Patschuli-Krautes, für uns eigentlich nicht existiren, da unseres Wissens wenigstens in keinem echt tropischen Lande (Algerien kann nicht zu diesen gerechnet werden) eigene Plantagen zur Cultur dieser Pflanzen bestehen. Wer aber einmal Gelegenheit hatte, große Treibhäuser zu besuchen, wie sie z. B. in Schönbrunn bei Wien, in Potsdam nächst Berlin, Kew nächst London, im Jardin des plantes in Paris u. s. w. existiren, dem werden die herrlichen Wohlgerüche gewisser Blüthen tropischer Gewächse wohl erinnerlich sein, und es ist nur zu bedauern, daß bis nun diese herrlichen Riechstoffe für die Mehrzahl der nicht in den Tropengegenden lebenden Menschen so gut wie nicht vorhanden sind.

Wie wir schon in unserem Werke: Die Parfumerie-Fabrikation*) angedeutet haben, würden sich viele Gegenden Deutschlands unseres Erachtens nach ganz vorzüglich zur Errichtung ähnlicher Blumen-Culturanstalten eignen, wie wir sie in Südfrankreich antreffen und wäre hiedurch dem unfreiwillig vorhandenen Monopole, welches die französischen Fabrikanten thatsächlich wegen des Mangels an Concurrenz besitzen und durch Hochhaltung der Preise ihrer Producte auch entsprechend ausbeuten, am wirksamsten ein Ziel gesetzt.

---

*) Die Parfumerie-Fabrikation. Von Dr. chem. George William Askinson. A. Hartleben's Verlag, Wien, Pest, Leipzig 1875.

Während in dem deutschen Norden ein großer Theil jener Pflanzen, welche ätherische Oele enthalten, die hauptsächlich für die Zwecke des Liqueurfabrikanten brauchbar sind, cultivirt werden könnte, als Kümmel, Fenchel, Anis u. s. w., wäre es in den süddeutschen Ländern, namentlich in Baden, in Niederösterreich, Steiermark, gewiß lohnend, manche Pflanzen, die sich durch lieblichen Duft auszeichnen, zu cultiviren.

Gegenwärtig werden in Deutschland nur sehr wenige ätherische Oele in nennenswerthen Mengen dargestellt; das einzige derselben, welches besondere Beachtung verdient, ist das Terpentinöl, das vorzugsweise in den österreichischen Ländern im Großen fabricirt wird.

Durch die praktische Erfahrung haben sich mehrere Methoden zur Gewinnung der ätherischen Oele herausgebildet, die sich der Hauptsache nach in Folgendem zusammenfassen lassen:

1. Darstellung der ätherischen Oele auf directem Wege durch Pressung der Pflanzentheile.

2. Darstellung der ätherischen Oele durch Destillation von Balsamen oder Pflanzentheilen.

3. Darstellung der ätherischen Oele durch Extraction mit Lösungsmitteln bei gewöhnlicher Temperatur und zwar unter Anwendung von Druck oder ohne diesen.

4. Darstellung der ätherischen Oele durch die sogenannte Maceration oder Infusion.

5. Darstellung der ätherischen Oele durch Absorption.

6. Darstellung der ätherischen Oele durch Absorption unter Anwendung von erwärmter Luft.

Welcher von den genannten Wegen einzuschlagen ist, hängt ausschließlich von der Beschaffenheit des Rohmaterials ab, welches in Arbeit genommen wird; bei manchen derselben kann man mit Vortheil mehrere der genannten Methoden in Anwendung bringen, während bei anderen nur eine bestimmte Methode überhaupt zum Ziele führt oder doch nur eine derselben ein Product von entsprechender Güte liefert.

Manche Rohmaterialien bedürfen einer besonderen Vorbereitung, um zur Gewinnung der in ihnen enthaltenen ätherischen Oele dienen zu können; dies gilt besonders von den Hölzern, welche durch passende mechanische Vorrichtungen verkleinert werden müssen. Man verwendet die Hölzer entweder in Form feiner Hobelspäne oder noch besser in Gestalt eines feinen Sägemehles. Die Verwandlung des Holzes in Hobelspäne geschieht entweder durch Handarbeit mittelst eines Doppelhobels oder unter Zuhilfenahme einer Hobelmaschine. Diese besteht in einfacher aber sehr gut wirkender Form aus einer eisernen Trommel, die in sehr rascher Umdrehung begriffen ist und an ihrem Umfange mit drei bis sechs schief gestellten Messerklingen besetzt ist. Das zu hobelnde Holz ist auf einen Wagen gespannt und wird den Messern so entgegengeführt, daß dieselben das Holz in einer Richtung schneiden, welche senkrecht auf die Richtung der Längsfasern läuft, wodurch bröckliche Späne entstehen. Die Umdrehung der Schneidetrommel wird durch Dampf- oder Wasserkraft bewirkt.

Um das Holz in Sägemehl zu verwandeln, kann man sich ebenfalls einer rotirenden Trommel aus Stahlblech bedienen, welche an ihrer Oberfläche in eine Raspel verwandelt ist und an die das zu verkleinernde Holz stark angepreßt wird. Damit die Hiebe der Raspel nicht durch die feinen Holzspäne verlegt werden, ist es nothwendig, letztere durch einen auf die Trommel fallenden Wasserstrahl beständig abzuspülen.

Nüsse und Rinden werden durch geriefte Walzen zerquetscht; Wurzeln und holzartige Kräuter können durch Schneiden mit einer entsprechenden Schneidevorrichtung verkleinert werden.

Bevor wir an die ausführliche Darstellung der Fabrikation der ätherischen Oele selbst übergehen, wollen wir in gedrängter Kürze das Wesen der verschiedenen hierbei in Anwendung kommenden Methoden darlegen.

Die Methode der Pressung gründet sich darauf, daß die Oelbehälter der Pflanzentheile durch Anwendung eines hohen Druckes gesprengt werden und das in ihnen enthaltene ätherische Oel ausfließt. Letzteres nimmt aber noch eine beträchtliche Menge fremder Stoffe mit sich und muß daher in den meisten Fällen noch einer besonderen Reinigung unterzogen werden.

Die Destillation ist die unter allen Verfahrungsarten am häufigsten angewendete. Sie gründet sich darauf, daß die ätherischen Oele in Wasser wenig löslich sind und schon bei der Siedhitze des Wassers Dämpfe in so reichlichem Maße entwickeln, daß sie sich mit diesen vollständig verflüchtigen und durch Verdichtung des Dampfes wieder gewinnen lassen.

Die Extractionsmethode beruht darauf, daß die ätherischen Oele in gewissen Flüssigkeiten sehr leicht löslich sind. Man behandelt die Pflanzenstoffe mit diesen Lösungsmitteln, trennt sie von diesen durch Destillation und unterwirft sie noch einem besonderen Reinigungsprocesse. Da man durch zweckmäßige Einrichtung der Apparate die Lösungsmittel fast ohne allen Verlust wieder gewinnen kann, so ist diese Darstellungsweise wegen der reichen Ausbeute an ätherischem Oele, die man bei ihrer Anwendung erzielt, eine sehr empfehlenswerthe.

Da die Auflösung vieler Körper und auch der ätherischen Oele rascher vor sich geht, wenn das Lösungsmittel unter erhöhtem Drucke wirkt, so wendet man die Extractionsmethode auch mit dieser Abänderung an und erspart hierdurch an Zeit, sowie auch an Lösungsmittel, indem eine geringere Quantität des letzteren unter erhöhtem Druck mehr und rascher ätherisches Oel aufzulösen vermag, als bei gewöhnlichem Drucke.

Die Macerations-Methode gründet sich auf die Eigenschaft flüssiger Fette (fetter Oele), ätherische Oele in sich aufzunehmen, und wird auf die Weise ausgeführt, daß man das fette Oel durch längere Zeit und bei mäßiger Wärme mit öfters erneuten Pflanzenstoffen behandelt.

Bei dem Absorptions-Verfahren findet Aehnliches statt, wie bei der eben erwähnten Macerations-Methode: auch den festen Fetten kommt die Eigenschaft zu, ätherische Oele in sich aufzunehmen. Bei diesem Verfahren kommen verschiedene Modificationen in Anwendung und schließt sich z. B. das Verfahren der Darstellung der ätherischen Oele durch Absorption unter Anwendung von erwärmter Luft eng an die Absorption bei gewöhnlicher Temperatur an.

Bei der fabriksmäßigen Darstellung der ätherischen Oele kommen in den verschiedenen Anstalten Apparate zur Anwendung, welche oft sehr von einander abweichende Constructionen zeigen; immer lassen sich dieselben aber auf eine der angegebenen Methoden zurückführen und haben wir im Nachstehenden stets nur solche Einrichtungen beschrieben, welche sich in der Praxis bewährt haben. Wir erwähnen hier aber ausdrücklich, daß manchen dieser Apparate noch gewisse Mängel anhaften und der strebsame Fabrikant gewiß im Stande sein wird, bei längerem Gebrauche eines solchen Apparates namhafte Verbesserungen an demselben anzubringen.

VII.

Die fabriksmäßige Darstellung der ätherischen Oele.

Die Art der Anlage einer Fabrik zur Darstellung von ätherischen Oelen ist nach der Ausdehnung, welche sie erhalten soll, eine verschiedene; stets sollen aber derartige Anstalten mit einer Dampfmaschine versehen sein. Der Dampf hat in einer derartigen Fabrik eine doppelte Bestimmung: er dient zum Betriebe der Dampfmaschine und auch als Wärmequelle für Destillationszwecke selbst. Die letztgenannte Verwendung des Dampfes ist sogar die weitaus bedeutendere, da die Dampfmaschine gewöhnlich nur zum Zerkleinern der Rohmaterialien oder zum Betriebe der Pressen verwendet wird.

Das Verkleinern der Rohmaterialien geschieht, wie schon erwähnt worden, durch Hobeln, Zerschneiden oder Zerdrücken derselben. Das Zerschneiden — vom Hobeln war schon oben die Rede — kann am besten mit Hilfe einer Vorrichtung ausgeführt werden, welche in Bezug auf ihre Einrichtung einer Maschine zum Schneiden des Stroh-Häcksels gleicht. Man muß die Maschine aber so einrichten, daß sie das zu schneidende Materiale nach Belieben weit vorschiebt und auf diese Weise größere oder kleinere Stücke erhalten werden können.

Zum Verkleinern von härteren Samen, wie von Kümmel, Anis und ähnlichen Körnern, bedient man sich einer Vorrichtung, welche zugleich quetschend und reibend wirkt. Da bei vielen Samenarten das ätherische Oel seinen Sitz nur in der Schale desselben hat, so erscheint es von Wichtigkeit, dieselbe möglichst zu zerreißen und muß das Samenkorn aus diesem Grunde nicht blos zerquetscht, sondern auch gleichzeitig zerrieben werden.

Die untenstehende Abbildung Figur 1 versinnlicht einen derartigen Apparat, wie er für den Handbetrieb ver-

Fig. 1.

wendet werden kann. A und B sind zwei glatte Metallwalzen, welche durch eine Verzahnung mit einander verbunden sind. Die Verbindung ist aber so angebracht, daß die eine Walze etwas langsamer läuft als die andere. Da sich nun beide Walzen einander entgegendrehen, so wird ein zwischen sie fallender Körper gefaßt, zerquetscht und da die eine der Walzen etwas schneller geht, als die andere, zugleich der Länge nach gezerrt. Die gequetschte Masse fällt zwischen den Walzen auf das stark geneigte Brett E. Ueber den beiden Walzen ist ein Füllrumpf D angebracht, den man mit den zu verkleinernden Substanzen anfüllt, oder welcher eine Walze enthält, die zugleich mit den Quetschwalzen bewegt wird, aber nur dazu dient, das Hinabfallen der zu quetschenden Körner möglichst gleichmäßig zu machen. Die eine der Quetschwalzen ist der anderen zu nähern oder dieser zu entfernen, wodurch gröbere oder kleinere Bruchstücke entstehen können.

Die Construction des Quetschapparates für größeren Betrieb ist der Hauptsache nach dieselbe, wie bei dem eben beschriebenen, nur sind alle Theile der Vorrichtung aus Metall verfertigt, und steht dieselbe durch eine passende Transmission mit irgend einer mechanischen Vorrichtung in Verbindung, welche ihre Bewegung bewirkt.

Der Dampfkessel in einer Fabrik von ätherischen Oelen soll eine viel größere Dampfmenge zu liefern im Stande sein, als eigentlich für die Dampfmaschine erforderlich ist, da er den Dampf für alle Destillationen liefern soll. Der Ort, an welchem der Dampfkessel aufgestellt ist, soll die Lage haben, daß man den Dampf in allen Theilen der Fabrik zur Verfügung hat, indem ihm auch die Aufgabe zufällt, die Luft in gewissen Räumen zu erwärmen.

Fabriken, welche im Großen arbeiten und alle möglichen Sorten ätherischer Oele darstellen, müssen auch große Lagerräume für die Rohmaterialien zur Verfügung haben. Diese müssen vollständig trocken sein und darf sich an den aufgespeicherten Gegenständen auch nicht die kleinste Spur einer Schimmelbildung zeigen, da die ätherischen Oele, welche aus schimmeligen Pflanzenstoffen hergestellt werden, nie eine besondere Feinheit im Geruche zeigen. Die Keller einer Fabrik für ätherische Oele sollen eine ziemlich niedere Temperatur besitzen, da sich die Oele in einer solchen noch am wenigsten verändern.

Es steht nicht im Belieben des Fabrikanten, die eine oder die andere Fabrikationsmethode anzuwenden, selbst wenn wir die Pressung ganz bei Seite setzen; wie erwähnt, sind manche Oele in so geringer Menge in den Pflanzenstoffen vorhanden, daß die Destillation gar kein Resultat ergeben würde und zu einer der anderen Methoden gegriffen werden muß, oder die Oele sind von so leicht veränderlicher Beschaffenheit, daß man nur eine Methode anwenden kann, bei welcher das Oel ohne Lösungsmittel und bei gewöhnlicher Temperatur durch einen einfachen Luftstrom auf Fett übertragen wird.

Gewisse Pflanzenstoffe enthalten nicht nur ein ätherisches Oel, sondern auch ein wirkliches Fett oder Oel. Wollte man derartige Stoffe der Destillation unterziehen, so würde ein großer Theil des ätherischen Oeles von dem Fett zurückgehalten werden und letzteres nach dem Oele riechen. Wollte man versuchen, durch Extraction oder Maceration u. s. w. zum Ziele zu gelangen, so würden die Resultate ebenfalls ungünstige sein: man würde mit dem ätherischen Oele gleichzeitig auch das fette in Lösung bringen, da die Lösungsmittel für ätherische Oele fast alle auch Fett aufzulösen vermögen.

Bei Pflanzenstoffen, welche fettes und ätherisches Oel enthalten, trennt man die Bereitungsweise beider auf die Art, daß man die Pflanzentheile zuerst einem hohen mechanischen Druck aussetzt und hierdurch den größten Theil des fetten Oeles aus demselben entfernt. Der zurückbleibende

Rest der Pflanzenstoffe wird sodann noch besonders auf ätherisches Oel verarbeitet. Da sich bei Anwendung höherer Temperaturen eine etwas reichlichere Menge von fettem Oel gewinnen läßt, so glauben manche Oelfabrikanten durch die Benützung höherer Temperaturen beim Pressen etwas sehr praktisches zu thun.

Es darf aber nicht vergessen werden, daß bei höherer Temperatur die ätherischen Oele sehr flüchtig werden und daher durch Verlust eines Theiles an ätherischen Oelen mehr Schaden entstehen kann, als durch den Verlust einer kleinen Menge an fettem Oele beim sogenannten Kaltpressen ohne Anwendung eines höheren Wärmegrades.

VIII.

Die Darstellung der ätherischen Oele durch Pressung.

Das Auspressen des ätherischen Oeles läßt sich nur an solchen Pflanzenstoffen vollführen, welche einen besonderen Reichthum an ätherischem Oel besitzen und gleichzeitig von entsprechender Weichheit sind. Die Schalen der Orangen und Citronen, zum Theile auch zerquetschte Muscatnüsse liefern ein gutes Beispiel hierfür.

In früherer Zeit waren gewöhnliche Pressen mit hölzerner Spindel in Anwendung. Da derartige Pressen eine verhältnißmäßig nur sehr kleine Kraft zu entwickeln vermögen, indem bei stärkerer Anspannung der Presse die Gänge der Schraubenspindel abgedrückt werden, so hat man diese Construction fast überall verlassen und bedient sich allgemein solcher Pressen, welche ganz aus Eisen gebaut sind und eine starke Schraube mit flachen Gängen besitzen. — Die zu pressenden Gegenstände werden in Preßtücher eingeschlagen, die eigens für diesen Zweck angefertigt werden müssen, da man von ihnen eine ganz besondere Festigkeit des Gewebes fordert und so übereinander in der Presse aufgeschichtet, daß zwischen je zwei Preßkuchen eine Eisenplatte zu liegen kommt.

Obwohl eiserne Pressen eine bedeutend größere Ausbeute an ätherischem Oele geben, als hölzerne, so genügt ihre Leistung noch nicht; ein sehr merklicher Bruchtheil des ätherischen Oeles geht verloren. Man kann sich hiervon leicht durch das Vergrößerungsglas überzeugen. In Pomeranzen- oder Citronenschalen sind die Oelbehälter so groß, daß man sie schon bei mäßig starker Vergrößerung als gelb gefärbte Zellen erkennen lassen. Untersucht man die Preßkuchen, welche nach dem kräftigsten Auspressen mit eisernen Pressen zurückbleiben, so findet man, daß eine sehr große Anzahl von Oelbehältern vollkommen unverletzt geblieben ist, das in ihnen enthaltene ätherische Oel somit verloren gegeben werden muß.

Unter allen Pressen liefern die hydraulischen den stärksten Druck und demzufolge auch die bedeutendste Ausbeute an ätherischem Oel. Man giebt den hydraulischen Pressen, welche zur Darstellung von ätherischem Oel dienen sollen, genau dieselbe Einrichtung wie jenen, welche zur Gewinnung von fetten Oelen verwendet werden. In den Fabriken benützt man sie gewöhnlich auch häufig sowohl zu dem einen oder anderen Zweck.

Der Preßkolben läuft bei diesen Pressen in einen hohlen Cylinder aus Stahl, welcher unten eine Schale mit einer Dille oder Ausgußschnabel trägt, bei welchem das Ausgepreßte abfließt und an seinem Umfange mit sehr feinen Löchern, ähnlich wie ein Sieb, versehen ist. Dieser Cylinder wird mit den auszupressenden Gegenständen ausgefüllt und sodann die Presse in den Gang gesetzt.

Eine gute hydraulische Presse soll die Einrichtung haben, daß der Kolben, welcher an der Pumpe angebracht ist, aus einem Rohre besteht, in welchen ein genau passender Cylinder eingefügt ist. Bekanntlich steigt der Preßkolben um so rascher, je geringer der Unterschied zwischen seinem Querschnitte und jenem des Pumpenkolbens selbst ist; die Kraft, welche die Presse entwickelt, ist den Querschnitten der beiden Kolben proportional. Stellt man das Rohr des Pumpenkolbens fest, so wird dieses eigentlich zum Pumpenstiefel und der in dieses Rohr passende massive Cylinder wird zum Pumpenkolben. Der Preßkolben wird hierbei nur sehr langsam, aber mit großer Kraft nach aufwärts bewegt.

Bei Beginn der Arbeit setzen die locker aufgeschütteten Pflanzentheile der Presse nur geringen Widerstand entgegen; man benützt daher den großen Pumpenkolben, durch welchen ein rasches Steigen des Preßkolbens veranlaßt wird und die Pflanzentheile schnell auf ein geringes Volumen zusammengedrückt werden. Ist dies eingetreten, so stellt man den weiten Pumpenkolben fest und setzt das Pressen mit dem kleinen Kolben fort. Der Preßkolben steigt nur mehr langsam, entwickelt aber eine sehr große Kraft.

Beim Pressen quillt aus den feinen Oeffnungen des Cylinders, in welchem die zu pressenden Substanzen enthalten sind, eine trübe, milchartige Flüssigkeit hervor, welche aus ätherischem Oele und aus den wässerigen Stoffen besteht, welche gleichzeitig aus den Pflanzentheilen ausgepreßt werden. Letztere bestehen aus einer Lösung von verschiedenen Extractivstoffen und Salzen in Wasser. Man läßt diese Flüssigkeit unmittelbar von der Presse weg in große Glasflaschen fließen, welche einen geringen Durchmesser, aber eine bedeutende Höhe besitzen und bringt dieselben sogleich an einen kühlen Ort, wo man sie verschlossen so lange stehen läßt, bis sich ihr Inhalt vollkommen geklärt hat.

Die Klärung nimmt oft mehrere Tage in Anspruch und man kann meistens drei Schichten deutlich unterscheiden. Zu unterst lagert eine schleimige Schicht, welche aus Zellsubstanz besteht, die von den flüssigen Körpern mitgerissen wurde. Ueber dieser liegt eine klare Flüssigkeit, bestehend aus einer Lösung von Extractivstoffen, Pflanzen-Eiweiß und Salzen und auf dieser schwimmt als der specifisch leichteste Körper das ätherische Oel, welches sich durch sein höheres Lichtbrechungs-Vermögen scharf von der wässerigen Flüssigkeit unterscheiden läßt.

Man trennt dieses Oel von der Flüssigkeit auf die Weise, daß man alles, was ausgepreßt wird, in einer Flasche sammelt, welche nahe am Boden einen seitlichen Hals besitzt, der durch einen Hahn geschlossen ist. Nachdem die Sonderung des Oeles von der wässerigen Flüssigkeit erfolgt ist, läßt man durch Oeffnen dieses Hahnes die wässerige Flüssigkeit ablaufen, gießt wieder etwas Wasser nach, um Reste fester Stoffe zu entfernen und vereinigt schließlich mehrere Partien Oel in der Flasche.

Die ätherischen Oele, welche man auf diese Weise erhält, sind bei weitem noch nicht genügend rein, da in ihnen eine Menge dem freien Auge unsichtbarer Fäserchen von Pflanzentheilen schweben, die auch verursachen, daß das Oel nicht eine vollkommen durchsichtige und ganz klare Flüssigkeit bildet, sondern stets schwach opalisirend erscheint. Würde man jedoch das ätherische Oel in diesem Zustande aufbewahren wollen, so würde dasselbe in Folge der Zersetzung dieser Stoffe einen unangenehmen Nebengeruch erlangen.

Man hat nun zwei Wege, um das Oel ganz rein zu erhalten: den der Filtration und jenen der Destillation. Das Filtriren ist zwar jene Arbeit, welche die verhältnißmäßig geringsten Kosten verursacht, allein es darf bei ätherischen Oelen nur unter Anwendung von besonderen Vorsichtsmaßregeln ausgeführt werden, da die Einwirkung der Luft, respective des Sauerstoffes so viel möglich von dem Oele abgeschlossen werden soll, da sie nachtheilige Veränderungen in den Eigenschaften desselben zur Folge hat.

Wenn man die Einrichtung des Filtrirapparates so trifft, daß das ätherische Oel immer nur mit derselben Luftmenge in Berührung kommt, so ist die nachtheilige Einwirkung des Sauerstoffes auf das geringst mögliche Maß reducirt und nicht störend. Es versteht sich von selbst, daß man die Filtrirvorrichtung nicht in's directe Sonnenlicht setzen, sondern an einen schwach erleuchteten kühlen Ort aufstellen wird.

Fig. 2.

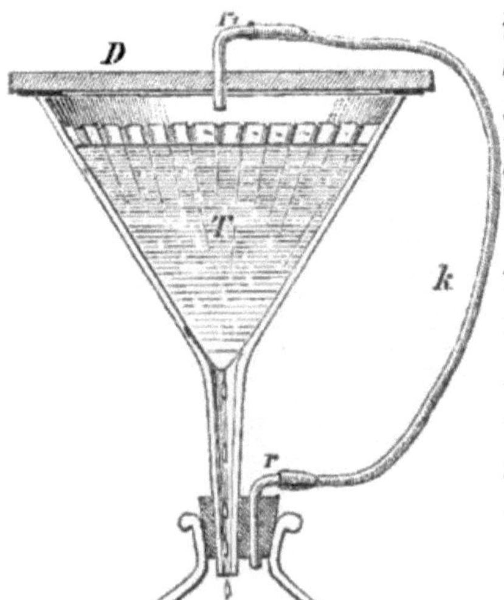

Figur 2 zeigt die Einrichtung eines sehr einfachen, aber sehr praktischen Filtrirapparates, welcher sich selbst für ziemlich subtile ätherische Oele verwenden läßt. Derselbe besteht aus einem großen Glastrichter T, in welchem ein fächerartig gefalteter Trichter aus Fließpapier steckt. Dieser Trichter ist mittelst eines Korkes luftdicht in dem Hals einer Flasche F befestigt, welche zur Aufnahme des filtrirten Oeles dient. Der Kork, welcher den Flaschenhals verschließt, hat eine zweite Bohrung, in welcher ein rechtwinklig gebogenes Glasröhrchen r steckt, das durch einen Kautschukschlauch k mit einem zweiten Röhrchen r_1 verbunden ist, das in einen Deckel D eingepaßt ist, welcher auf dem Trichter liegt. Dieser Deckel, welcher aus einer dicken schweren Holzplatte angefertigt ist, wird an jenen Stellen, an welchen er auf dem Trichter aufliegt, des besseren Schlusses halber mit Kautschuk belegt.

Bei dieser Einrichtung des Filtrirapparates kann nur jenes Luftquantum, welches in der Flasche und im Trichter enthalten ist, auf das ätherische Oel einwirken; für jeden Tropfen des Oeles, der in die Flasche fällt, tritt etwas Luft durch den Kautschukschlauch in den Trichter.

Die zweite Methode, die gepreßten Oele vollständig zu reinigen, ist die der Rectification oder der Destillation mit Wasser. Man bringt zu diesem Zwecke das Oel mit etwas Wasser in einen der unten zu beschreibenden Destillirapparate und destillirt das Oel über. Es hat gewisse Schwierigkeiten, die letzten Partien des Oeles abzudestilliren, da, namentlich bei Anwendung von Destillirapparaten, welche auf einer directen Feuerung stehen, bei einiger Unvorsichtigkeit der Fall einteten kann, daß die festen in dem ätherischen Oele schwebenden Pflanzenstoffe an die Wandung des Destillirapparates anbrennen und dem Oele einen unangenehmen Nebengeruch ertheilen.

Es ist daher vorzuziehen, die letzten Partien des Oeles nicht zu destilliren, sondern dieselben mit einer neuen Menge von zu rectificirendem Oele zu vereinigen und bei einer neuen Operation mit zu benützen.

Bei solchen Pflanzenstoffen, welche fette Oele enthalten, werden dieselben gewöhnlich durch Pressung weggeschafft und die Rückstände weiter verarbeitet. Es muß aber bei dieser Art von Gewinnung des fetten Oeles die Vorsicht eingehalten werden, daß die betreffenden Stoffe nur in ganz trockenem Zustande angewendet werden und das Pressen ohne besonderes Erwärmen ausgeführt wird, indem bei manchen Pflanzenstoffen hier ganz besondere Verhältnisse walten. Da wir noch eingehender auf diesen Gegenstand zurückkommen müssen, so sei hier nur erwähnt, daß gewisse Pflanzenstoffe zwar fettes Oel, aber kein ätherisches Oel enthalten und letzteres erst in Folge eines eigenthümlichen chemischen Processes, der aber die Mitwirkung von Wärme und Wasser erfordert, vor sich geht.

Die bitteren Mandeln und die Senfsamen mögen hier als Beispiel dienen; beide sind reich an fetten Oelen, welche durch trockene kalte Pressung und Anwendung eines möglichst hohen Druckes gewonnen werden können. Erst der harte feste Rückstand, der sich in den Preßcylindern nach Abpressung des fetten Oeles vorfindet, der sogenannte Preßkuchen kann zur Gewinnung des ätherischen Oeles, das in diesem Falle durch Destillation gewonnen wird, verwendet werden.

Die Methode der Pressung läßt sich leider nur bei wenigen ätherischen Oelen durchführen, da sich nur sehr weiche Pflanzenstoffe hierzu eignen, welche einen großen Reichthum an ätherischem Oel besitzen. Pomeranzenschalenöl, Citronenöl und einige wenige andere Oele werden auf diese Weise dargestellt, und zwar benützt man in den südlichen Ländern, wo man unmittelbar frische Schalen in Arbeit nimmt, hierzu noch oft ganz unvollkommene Pressen mit hölzernen Schraubenspindeln, welche nur einen geringen Theil des überhaupt gewinnbaren Oeles aus den Schalen herauszudrücken vermögen.

IX.

Die Darstellung der ätherischen Oele durch Destillation.

Die Methode, ätherische Oele durch Destillation darzustellen, ist schon eine sehr alte und finden wir hierüber in alten medicinischen und chemischen Werken ausführliche Mittheilungen; gegenwärtig wird diese Methode sehr häufig angewendet und wird der größte Theil aller ätherischen Oele, welche im Handel vorkommen, nach diesem Verfahren bereitet.

Unter Destillation im allgemeinen versteht man bekanntlich die Verwandlung eines Körpers in Dampf und die Wiederverdichtung des Dampfes. Ist der betreffende Körper fest und geht er in Dampfform über, ohne vorerst flüssig zu werden, und verwandelt sich der Dampf unmittelbar wieder in einen festen Körper, so nennt man diese Art der Destillation: Sublimation.

Die ätherischen Oele haben, wie schon erwähnt, die Eigenschaft, sich mit Wasserdämpfen zu verflüchtigen und zwar in so reichlichem Maße, daß man sie geradezu auf diese Weise überdestilliren kann. Es ist dies Verhalten kein solches, welches den ätherischen Oelen ausschließlich eigen ist; wir kennen noch andere Substanzen, die ähnliche Eigenschaften haben.

Die Borsäure bietet ein interessantes Beispiel eines derartigen Körpers dar; obwohl dieselbe so feuerbeständig ist, daß sie sich bei den höchsten Temperaturen, welche wir hervorzubringen vermögen, nicht verflüchtigt, geht sie dennoch mit Wasserdämpfen in merklicher Menge über.

Es ist bei der Darstellung von ätherischen Oelen durch Destillation Regel, dieselben immer unter Zuhilfenahme von Wasser zu verflüchtigen, die Dämpfe des Oeles und des Wassers gemeinsam zu verdichten und das Oel von diesen zu trennen. Man kann die Destillation auf zweifache Art vornehmen und zwar entweder auf die Weise, daß man die betreffenden Pflanzenstoffe direct mit Wasser destillirt, oder daß man unmittelbar Wasserdampf anwendet, welcher die Oele mit sich nimmt, und mit ihnen gleichzeitig verdichtet wird.

Das letztgenannte Verfahren ist das entschieden zweckmäßigere, da es bei demselben möglich ist, die Destillation mit dem möglichst geringen Zeit- und Brennmaterial-Aufwande durchzuführen. Wir kennen nur wenige Apparate, welche in der chemischen Technik angewendet werden, die eine so große Mannigfaltigkeit in der Construction zeigen, als gerade die Destillirapparate und die Fortschritte der Technik bringen immer neue und verbesserte Constructionen derselben hervor.

Diese complicirten Apparate haben aber nur für eine gewisse Classe von Destillateuren Werth und Wichtigkeit, und zwar für die Branntwein- und Spiritus-Fabrikanten, welche durch diese Apparate in den Stand gesetzt sind, bei einmaliger Destillation einen sehr hochgradigen und ganz fuselfreien Weingeist herzustellen. Für den Fabrikanten ätherischer Oele haben derartige Apparate keinen Werth, da es sich bei ihm nur darum handelt, das ätherische Oel einfach zu verflüchtigen und den Dampf desselben zu verdichten.

Es können demnach bei der Fabrikation der ätherischen Oele nur die einfachsten Destillirapparate angewendet werden;

sollte eine wiederholte Destillation des Oeles (eine Rectification) nothwendig erscheinen, so wird das Oel wieder in dem einfachen Apparate destillirt. Jeder Destillirapparat besteht aus zwei Haupttheilen: dem Gefäße, in welchem die betreffenden Körper verflüchtigt werden — dem eigentlichen Destillirapparate, oder der Blase und der Vorrichtung, in welcher die Dämpfe wieder verflüssigt werden — der Kühlvorrichtung oder dem Kühler. So complicirt auch die Einrichtung eines Destillirapparates sein mag, immer lassen sich seine Bestandtheile auf diese beiden Haupttheile zurückführen.

Wir geben im nachstehenden die Beschreibung und Abbildung jener Apparate, welche für unsere Zwecke von Bedeutung sind und beginnen mit den älteren derselben, das heißt mit jenen, bei welchen die Destillation unmittelbar unter Anwendung von Wasser ausgeführt wird.

Der einfachste Destillirapparat, dessen Einrichtung aus Figur 3 ersichtlich wird, hat die größte Aehnlichkeit mit

Fig. 3.

einer gewöhnlichen Branntweinblase. Das Destillirgefäß oder die Blase A besteht aus einem kupfernen Cylinder, welcher oben und unten von gewölbten Flächen abgeschlossen wird, und so in einen Herd eingemauert ist, daß das Feuer nicht nur den Boden der Blase bespült, sondern auch den unteren Theil des Cylinders umgiebt, was durch die entsprechend angebrachten Feuerzüge z z ermöglicht wird. An der oberen Wölbung der Blase ist eine Oeffnung O angebracht, die durch eine Schraube geschlossen werden kann und zum Einbringen von Wasser dient.

Der Helm H, welcher mit dem Helmrohre R gewöhnlich aus einem Stücke verfertigt wird und aus Kupfer oder Zinn bestehen kann, schließt das Destillirgefäß oben ab. Der Helm ist entweder, wie dies bei dem vorliegenden Apparate angenommen ist, blos auf die obere Oeffnung der Blase aufgeschliffen, oder mittelst Schrauben dampfdicht auf derselben befestigt. Der Vorstoß V ist, wie aus der Abbildung ersichtlich, ein schwach kegelförmiges Rohr, welches sich an das Helmrohr und an das Kühlrohr K anfügt. Das Kühlrohr besteht aus einem cylindrischen langen Rohre, welches in Spiralwindungen und durch Stützen t getragen in einer hölzernen Kufe steht und mit seinem unteren Ende m aus derselben hervorragt. An dieser Kufe ist seitlich ein gerade aufsteigendes Rohr e n befestigt; an der entgegengesetzten Seite der Kufe befindet sich ein kurzes ebenfalls rechtwinklig gebogenes aber kurzes Rohr b, welches in jener Höhe eingesetzt ist, die der Wasserstand in der Kufe haben soll.

Bei der Destillation bringt man die Pflanzenstoffe in die Blase, und füllt diese bis zu Dreiviertel ihrer Höhe mit Wasser. Letzteres soll immer so hoch in der Blase stehen, daß sein Spiegel über die Feuerzüge hinausreicht. Man kann letztere übrigens auch so einrichten, daß sie durch einen Schieber abgesperrt werden können und nur der Boden der Blase allein erhitzt wird.

Die Dämpfe des Wassers und des ätherischen Oeles gelangen durch den Helm und den Vorstoß in das Kühlrohr K. Letzteres ist aber von kaltem Wasser umgeben und werden die Dämpfe auf dem langen Wege, den sie durch das Rohr zu machen haben, zur Flüssigkeit verdichtet. Da sie hierbei ihre Wärme an das Wasser im Kühlfasse abgeben, so würde dieses sehr bald so stark erhitzt werden, daß die Dämpfe nicht mehr verdichtet, sondern als solche aus der Mündung des Kühlrohres entweichen würden.

Man verhindert dies dadurch, daß man das Wasser in dem Kühlapparate beständig erneut, was dadurch geschieht, daß man in das Rohr n e kaltes Wasser einströmen läßt welches das warmgewordene nach oben treibt, und das Kühlrohr beständig umgiebt.

Wenn man Kräuter oder mehlige Körper in einem derartigen Apparate destillirt, so kann es leicht geschehen, daß selbe auf dem Boden der Destillirblase festbrennen und dem ätherischen Oele übelriechende Producte beigemengt werden. Man hat verschiedene Einrichtungen getroffen, um diesem Uebelstande zu begegnen; die unvollkommenste ist die Anbringung eines Rührapparates an der Blase, welcher während der ganzen Arbeit durch einen Arbeiter in Bewegung erhalten werden muß; zweckmäßiger ist es, in die Blase einen durchlöcherten Boden einzusetzen, auf welchem man die Pflanzenstoffe ausbreitet. Dieser Boden muß aber derart eingesetzt werden, daß er höher liegt, als die Feuerzüge.

Sehr praktisch erweisen sich Körbe aus Siebblech oder aus Drahtnetzen, wie C einen solchen darstellt. Der Korb besitzt drei Füße und oben einen Bügel zum Herausheben und wird mit den Pflanzenstoffen gefüllt in die Blase eingestellt.

Wenn sich auch derartige Apparate durch ihre einfache

Construction, die eine leichte Reinigung und Reparatur gestattet, so wie durch geringe Anschaffungskosten sehr empfehlen, so haften ihnen dennoch mehrere Uebelstände an. Es dauert eine geraume Zeit, bis das Wasser in dem Apparate zum Sieden gebracht wird und die Verflüchtigung der Dämpfe gleichmäßig vor sich geht und man verliert eine bedeutende Wärmemenge bei jeder Operation. Man unterbricht selbstverständlich die Arbeit, sobald das ätherische Oel vollkommen abdestillirt ist; das in der Blase enthaltene Wasser ist aber dann fast noch siedend heiß. Man kann bei Anwendung der vorerwähnten Körbe diese Wärme wenigste s theilweise noch zu gute machen, daß man den in der Blase befindlichen Korb rasch gegen einen andern, welcher frische Pflanzenstoffe enthält, auswechselt und die Destillation fortsetzt.

Bei Anwendung von Brunnenwasser kann der Fall eintreten, daß man den Betrieb der Blase mitunter ganz einstellen muß, um die Kruste von Kesselstein, welche sich in derselben angesetzt hat, zu entfernen.

Für Versuchszwecke, bei denen es sich z. B. darum handelt, die Percentmenge, welche ein gewisser Pflanzenstoff an ätherischem Oel liefert, genau festzustellen, oder um das flüchtige Oel aus sehr kostbaren Pflanzenstoffen zu gewinnen, werden kleine aus Glas gefertigte Apparate verwendet, welche die aus Figur 4 ersichtliche Einrichtung haben.

Als Destillirgefäß dient bei demselben eine Retorte A, welche Blase und Helm in einem Stücke enthält und deren Fassungsraum bis zu zehn Litern gehen kann. In einer Tubulatur t, welche die Form eines Flaschenhalses hat, ist mittelst eines Korkes ein bis auf den Boden der Retorte reichendes Trichterrohr l eingesetzt, durch welches man das Wasser zugießt. Der Retortenhals schließt sich an den Vorstoß des Kühlrohres r an, welches in einem sogenannten

Liebig'schen Kühler liegt. Dieser besteht aus einem weiten Glasrohre C, in welches am unteren Ende bei h kaltes Wasser aus dem Behälter D einfließt und das warmgewordene bei g verdrängt. Das untere Ende des Kühlrohres r

Fig. 4.

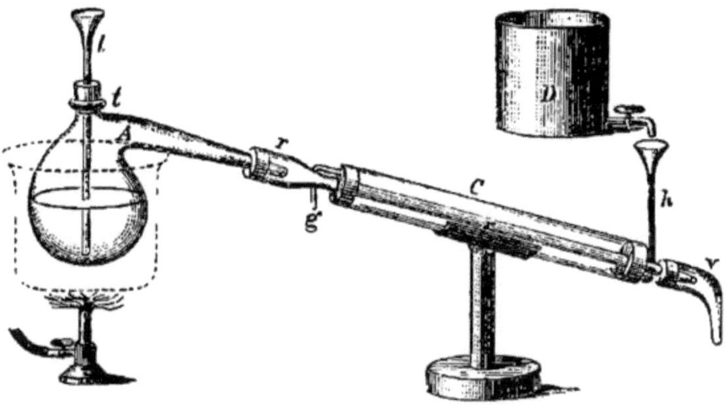

steht mit dem Vorstoße v in Verbindung, unter welchen das zum Auffangen des Destillates bestimmte Gefäß gesetzt wird. Um das bei Anwendung von freiem Feuer leicht eintretende Springen der gläsernen Retorten zu verhüten, setzt man dieselben in ein mit Wasser oder Sand gefülltes Blechgefäß ein, welches unmittelbar erhitzt wird.

Die vollkommenste Methode, ätherische Oele durch Destillation herzustellen, ist entschieden jene, bei welcher die Pflanzenstoffe nur mit Wasserdampf in Berührung kommen. Je nachdem man einen besonderen Dampfkessel zur Verfügung hat oder nicht, besitzen die betreffenden Apparate eine verschiedene Einrichtung.

Die umstehende Abbildung Fig. 5 zeigt, auf welche Weise man einen gewöhnlichen Destillirapparat zur Dampfdestillation einrichten kann. Man setzt auf die Blase A anstatt des Helmes ein Gefäß B auf, welches aus einem Cylinder und zwei angesetzten Kegeln besteht. Von dem oberen Kegel führt eine Röhre R in das Kühlrohr. Wie aus dieser Construction zu entnehmen ist, dient die Destillirblase eigentlich hier nur als Dampf-Erzeuger; die Wasserdämpfe strömen durch das Gefäß B, erwärmen die daselbst inliegenden Pflanzenstoffe und führen die ätherischen Oele mit sich fort. Das Durchfallen der Pflanzenstoffe in die Blase wird einfach durch ein Drahtnetz verhindert, welches man über die untere Oeffnung des Gefäßes B spannt.

Fig. 5.

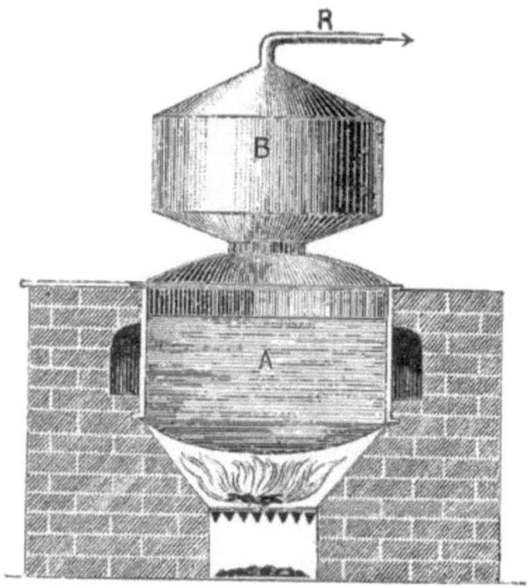

Schon diese einfache Modification des Destillirapparates bietet viele Vortheile dar; der wesentlichste derselben ist der, daß man nicht eine sehr bedeutende Wassermenge nebst dem ätherischen Oele zu verdichten hat. Dem Anscheine nach ist es ziemlich gleichgiltig, ob man eine etwas größere oder geringere Menge von Wasser zu verdichten hat; wenn es hiebei nur auf die geringe Quantität von Kühlwasser ankäme, welche man anwenden muß, so wäre dieselbe in der That nicht weiter zu beachten.

Es fällt aber hier ein anderer Umstand in's Gewicht: Die ätherischen Oele sind zwar in Wasser nur wenig löslich, aber sie sind dennoch löslich und zwar in solchem Grade, daß sie dem Wasser ihren specifischen Geruch und Geschmack mittheilen. Der Liqueur- und Parfum-Fabrikant hat für diese Wässer, welche man aromatisirte Wässer nennt, in den meisten Fällen eine genügende Verwendung, nicht aber der Fabrikant, welcher sich blos auf die Darstellung der ätherischen Oele als solcher beschränkt.

Letzterem muß es daher ganz besonders daran gelegen sein, nur gerade so viel Wasser mit den ätherischen Oelen zu verdichten, als absolut nothwendig ist und wird er aus diesem Grunde der Dampf-Destillation den Vorzug geben. Es ist leicht einzusehen, daß von Dampf, welcher eine höhere Temperatur besitzt, als ein anderer, weniger nothwendig sein wird, als von einem solchen, welcher gerade nur 100 Grade, die Siedhitze des Wassers besitzt, um eine gegebene Menge von ätherischem Oel zu verflüchtigen. Man wird also bei Anwendung von heißem Wasserdampf die Destillation nicht nur sehr rasch, sondern auch mit wenig Verlust an ätherischem Oel, welches von dem Wasser gelöst wird, ausführen können.

Bekanntlich vermag man den Wasserdampf nur dann auf eine Temperatur zu bringen, welche höher liegt als 100 Grade C., wenn man den auf dem erhitzten Wasser lastenden Druck vergrößert, das heißt, das Erhitzen des Wassers in einem Dampfkessel vornimmt.

Für eine rationell arbeitende Fabrik ätherischer Oele ist gegenwärtig ein Dampfkessel geradezu unentbehrlich, indem man nur durch Benützung eines solchen im Stande ist, in kurzer Zeit rasch eine bedeutende Oelmenge herzustellen. Man kann die Dampfspannung in dem Kessel sogar ziemlich hoch gehen lassen, bevor man die Destillation beginnt.

Die Einrichtung der Apparate ist nämlich stets eine solche, daß der Dampf durch die Pflanzenstoffe streichen muß, um aus ihnen das Oel fortzunehmen. Hierbei wird der Dampf namentlich Anfangs so stark abgekühlt, daß er zu Wasser verdichtet wird. Erst, wenn die Pflanzenstoffe bis auf die Siedehitze des Wassers erwärmt sind, beginnt die Destillation des Oeles.

Nimmt man besonders heißen Dampf, so wird hierdurch begreiflicher Weise dieser Zeitraum bedeutend abgekürzt, die Pflanzenstoffe werden rasch erwärmt und das verdichtete Wasser rasch wieder in Dampf verwandelt. Zeigt sich einmal ätherisches Oel an der Mündung des Kühlrohres, so läßt sich die Kühlung leicht derart reguliren, daß man selbst bei Anwendung eines sehr kräftigen Stromes von heißem Dampf alles ätherische Oel in kurzer Zeit abdestillirt hat.

Zeigt eine für sich aufgefangene Probe des Destillates die Beendigung der Arbeit an, so sperrt man den Dampfzufluß ab, öffnet den Destillirapparat und entfernt die ausgenützten Pflanzenstoffe. Wenn man die Einrichtung getroffen hat, daß die Pflanzenstoffe in Cylindern aus Drahtgeflecht liegen, so läßt sich innerhalb einiger Minuten ein Cylinder mit ausgenütztem Inhalt durch einen frisch gefüllten ersetzen und kann die Destillation ohne Zeitverlust wieder fortgesetzt werden. Die nebenstehende Abbildung Figur 6 zeigt die Einrichtung eines Destillir-Apparates, bei welchem direct Wasserdampf, der in einem besonderen Dampfkessel erzeugt wird, zur Anwendung kommt.

Fig. 6.

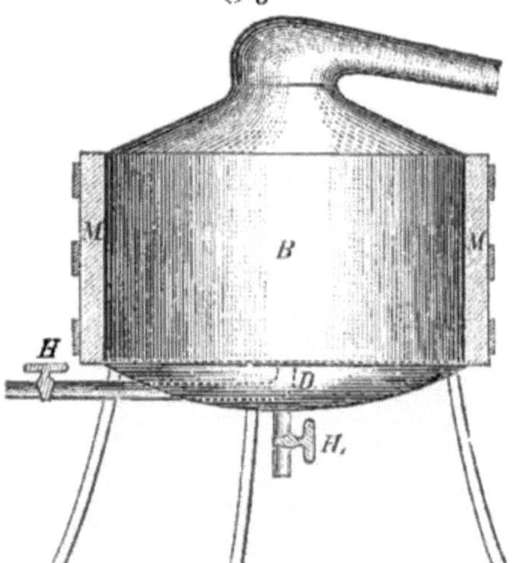

Die Destillirblase B, welche mit einem Helme und Helmrohre versehen ist, ruht frei auf einem passenden

Gestelle; um die Abkühlung derselben hintanzuhalten ist sie außen von einem Mantel M umgeben, welcher aus dicken Holzbohlen hergestellt wird. Ueber dem gewölbten Boden der Blase liegt ein sogenannter falscher Boden, welcher siebartig durchlöchert ist, und auf den die zu destillirenden Pflanzenstoffe zu liegen kommen. Das Rohr HD, welches den Dampf aus dem Dampfkessel zuführt, mündet unmittelbar unter diesem Siebboden. Der gleichmäßigen Vertheilung des Dampfes wegen empfiehlt es sich, dieses Rohr in einer Spirale laufen zu lassen, welche oben durchlöchert ist. Ein an der tiefsten Stelle der Destillirblase angebrachtes, kurzes Rohr H_1 gestattet, das in dem Apparate selbst verdichtete Wasser nach Beendigung der Operation abzulassen.

Die Dimensionen, welche man dem Destillirapparate giebt, sind verschiedene, je nach der Größe der Fabriksanlage, doch geht man nur selten über gewisse Dimensionen hinaus und werden Destillirblasen mit über zwei Meter Durchmesser nur selten angewendet.

Es ist hier der Ort einiges über die Form der Destillirblasen zu sagen. Man findet viele derartige Constructionen, bei welchen das eigentliche Destillirgefäß einen Cylinder darstellt, welcher höher ist als sein Durchmesser; bisweilen wendet man selbst Cylinder an, welche noch einmal so weit als hoch sind. Eine einfache Betrachtung zeigt, daß eine derartige Construction nicht richtig ist. Es handelt sich nämlich darum, eine gewisse Menge von Pflanzenstoffen rasch zu erhitzen und gewisse Bestandtheile derselben, die ätherischen Oele schnell verdampfen zu machen. Wenn man den Pflanzenstoffen die Form eines hohen schmalen Cylinders giebt, so wird es geraume Zeit dauern, bis auch die oberen Partien der Pflanzenstoffe so weit erwärmt sind, daß die Destillation beginnt und wird aller einströmende

Dampf lange Zeit hindurch in der Blase selbst condensirt werden.

Giebt man der Destillirblase hingegen einen großen Durchmesser, aber nur eine geringe Höhe, so läßt sich eine große Quantität von Pflanzenstoffen in einer dünnen Schichte ausbreiten, welche von dem einströmenden Dampfe durchwärmt wird und rasch so weit erhitzt ist, daß die Destillation sehr bald beginnt.

Die Dampf-Destillirblasen haben gewöhnlich die Einrichtung, daß an ihnen eine Oeffnung angebracht ist, deren Durchmesser so groß ist, um einem Manne das Durchkriechen zu gestatten. Man nennt dieselbe daher auch das Mannsloch. Das Mannsloch dient dazu, die Blase nach beendeter Destillation zu entleeren und wird während der Arbeit durch eine aufgeschliffene Platte mittelst einiger Schrauben luftdicht geschlossen.

Wenn man, wie es doch rationell ist, den Apparat auch in Bezug auf die Zeit vollständig ausnützen will, empfiehlt es sich, eine etwas geänderte Einrichtung anzuwenden, und den ganzen oberen Theil der Destillirblase beweglich zu machen, derart, daß der Helm sammt dem oberen Gewölbe der Blase abgehoben werden kann. Die Dichtung erfolgt leicht dadurch, daß man zwischen den Helm und den oberen Rand der Blase einen Kautschukring legt. Meistens ist schon das Gewicht des Helmes genügend, um einen dampfdichten Schluß herbeizuführen; sollte dies nicht der Fall sein, so läßt sich der Schluß leicht durch einige Schrauben herbeiführen.

Wenn man die zu destillirenden Stoffe in die schon erwähnten Körbe aus Drahtgeflecht bringt, so läßt sich der Apparat innerhalb weniger Minuten entleeren und neu beschicken; man hebt mittelst eines kleinen Krahnes den Helm ab, ersetzt den Korb durch einen neuen und bringt den Helm sofort wieder an seine Stelle. Wenn die Verbindung des Helmrohres mit dem Kühlrohre durch einen starken Kautschukschlauch hergestellt ist, so braucht diese Verbindung gar nicht gelöst zu werden.

Wie erwähnt wurde, ist es angezeigt, ziemlich hoch gespannte Wasserdämpfe zur Destillation zu verwenden; man geht in der Praxis jedoch nur selten über vier Atmosphären Dampfspannung hinaus, da man sonst den Apparaten eine besonders feste Bauart geben müßte, um das Schadhaftwerden in Folge des hohen Druckes zu vermeiden.

Man hat auch Versuche angestellt, die Destillation der ätherischen Oele aus den Pflanzenstoffen ohne Anwendung von Dampf mittelst heißer Luft zu bewerkstelligen. Vergleichende Versuche zwischen beiden Destillationsverfahren haben aber gezeigt, daß bei der Destillation mit Luft weniger Oel gewonnen wird, als bei Anwendung von Dampf.

Wenn man Dampf benützt, so quellen die Pflanzentheile durch das aufgenommene Wasser auf und gestatten dem aus den Oelbehältern abdestillirenden Oele freien Durchgang. Wendet man hingegen heiße Luft an, so trocknet zuerst die Oberfläche der Pflanzentheile vollständig ein, zieht sich zu einer harten festen Masse zusammen, welche dem Abdestilliren des ätherischen Oeles bedeutenden Widerstand leistet.

Man kann diese nachtheilige Wirkung der heißen Luft dadurch abschwächen, daß man die zu destillirenden Pflanzenstoffe stark befeuchtet und die heiße Luft vor dem Eintritt in die Destillirblase durch ein Rohr streichen läßt, welches mit Badeschwämmen gefüllt ist, die stets feucht erhalten werden. Es bietet dieses Verfahren dem mit Hilfe von Dampf keinerlei Vortheil dar und ist der Apparat überdies ein complicirterer, da nebst der Erhitzungsvorrichtung für die Luft auch noch ein Ventilator vorhanden sein muß, welcher die heiße Luft durch den Apparat treibt.

X.

Die Trennung des Oeles von dem Wasser bei der Destillation.

Es wurde schon erwähnt, daß die Mehrzahl der ätherischen Oele ein geringeres specifisches Gewicht habe, als das Wasser; man benützt dieses Verhalten zur Trennung des Wassers von dem Oele und wendet hierbei einen Apparat an, welcher eine solche Einrichtung besitzt, wie sie aus Figur 7 ersichtlich wird.

Man nennt diesen Apparat die Florentiner-Flasche, wahrscheinlich darum, weil sie von florentinischen Destillateuren zuerst angewendet und von da aus bekannt wurde. Sie besteht in ihrer einfachsten Form aus einer Glasflasche, an welcher nahe am Boden ein Rohr a befestigt ist, welches vertical bis nahe zur Mündung c der Flasche emporsteigt und sich dort umbiegt, wie aus der Abbildung ersichtlich ist.

Fig. 7.

Die Flasche wird unter die Mündung des Kühlrohres gesetzt, aus welcher ein Gemisch von

Oeltropfen und Wasser ausfließt. Das Wasser W, als der specifisch schwerere Körper, scheidet sich unter dem oben aufschwimmenden Oele aus und steigt auch nach dem Gesetz der communicirenden Gefäße in dem Seitenrohre immer höher. Sobald die Oelschichte in der Flasche eine entsprechend hohe geworden und das Wasser bis b gestiegen ist, beginnt letzteres durch den Druck des nachströmenden Oeles bei d abzufließen, so daß allmälig die ganze Flasche mit ätherischem Oel gefüllt wird.

Die Zeit, während welcher das Wasser und das Oel in der Flasche verweilen, ist aber nicht genügend lang, um eine vollständige Trennung des Oeles von dem Wasser zu bewirken; aus dem Wasser, welches aus der Florentinerflasche abläuft, scheidet sich bei längerem Stehen noch Oel aus. Man setzt daher unter die Oeffnung d der ersten Florentiner-Flasche die Mündung einer zweiten größeren; bei Oelen, deren Dichte nur um ein sehr geringes von jener des Wassers verschieden ist und bei welchen daher die Trennung nur langsam erfolgt, ist sogar bisweilen noch eine dritte Flasche erforderlich.

Das aus der ersten Flasche abfließende Wasser verweilt in der zweiten durch etwas längere Zeit und setzt daselbst Oel ab; der gleiche Vorgang wiederholt sich in der dritten Flasche.

Für die Arbeit im Großen sind die Florentiner-Flaschen, welche ganz aus einem Stücke bestehen, weniger zu empfehlen, und verwenden wir solche von etwas abgeänderter Form, die aus umstehender Figur 8 ersichtlich wird. — Dieselbe ist ein Glascylinder, welcher oben und unten kegelförmig zuläuft, oben offen, unten aber durch einen eingeschliffenen Glashahn geschlossen ist. Man schließt den Hahn und öffnet ihn erst dann, wenn das Oel in der Flasche bis nähe zum oberen Rand des Halses derselben gestiegen ist.

Fig. 8.

Der gleiche Apparat kann auch zur Trennung des Wassers von solchen Oelen benützt werden, welche specifisch schwerer als Wasser sind; das Oel sammelt sich unten, das Wasser oben an. Da aber in der Regel weit mehr Wasser überdestillirt als Oel, so würden selbst große derartige Apparate in kurzer Zeit gefüllt sein; man bringt daher an den Flaschen ein enges Seitenrohr an, welches in der Abbildung ersichtlich gemacht ist und läßt durch dieses den Ueberschuß an Wasser beständig abfließen.

Fig. 9.

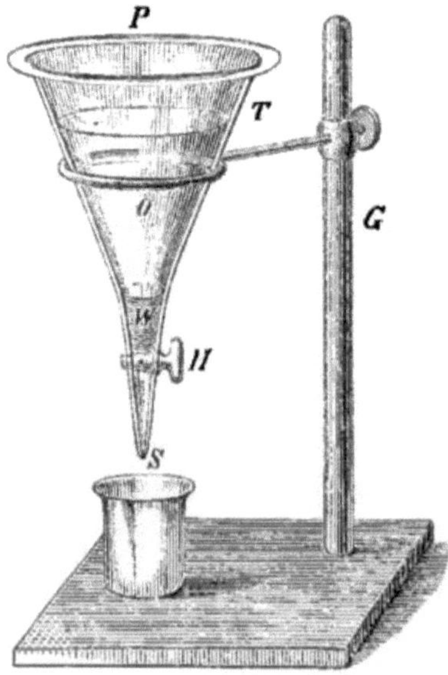

Das in der Florentiner-Flasche angesammelte Oel ist noch mit etwas Wasser gemischt; um es von diesem ganz zu trennen, bedient man sich des Scheidetrichters, welcher in Fig. 9 abgebildet erscheint. Derselbe besteht aus einem Glastrichter T, der von einem Stativ G getragen wird. Unten ist der Trichter in eine feine Spitze S ausgezogen und auf seiner oberen

Oeffnung liegt eine aufgeschliffene Glasplatte P. Ein genau eingeschliffener Glashahn H verhütet das Ausfließen des Trichter-Inhaltes.

Man gießt die zu scheidende Flüssigkeit in den Trichter, bedeckt diesen und überläßt das Ganze sodann der Ruhe, bis sich das Wasser W vollkommen von dem Oele O geschieden hat. Durch vorsichtiges Oeffnen von H kann man auch den letzten Wassertropfen von dem Oele trennen.

Die Destillation mit Dampf, noch mehr aber die mit Wasser selbst, ist mit dem Uebelstande verbunden, daß man an Oel verliert, welches von dem Wasser aufgelöst wird. Man kann bei der Destillation mit Wasser diesen Verlust dadurch vermindern, daß man das aromatisirte Wasser zur Destillation neuer Mengen der gleichartigen Pflanzenstoffe verwendet; das mit ätherischem Oele gesättigte Wasser vermag nichts weiter mehr aufzulösen.

Bei dem Schimmel'schen Patent-Destillirapparate ist der Verlust an Oel, der durch Lösung desselben in Wasser bedingt wird, auf sinnreiche Art umgangen und dieser Apparat daher sehr zu empfehlen. Umstehende Figur 10 zeigt die Einrichtung desselben.

Das Destillirgefäß D ist nahezu kugelförmig und in seinem unteren Theile von einem ebenfalls gewölbten Mantel M umgeben. Das Rohr R, durch welches vom Dampfkessel her Dampf zugeleitet wird, hat ein Ansatzstück r. Dieses führt in das Innere der Blase selbst, und geht dort in eine Spirale über, welche an ihrer Oberfläche mit Löchern versehen ist. Das Rohr R selbst steht mit dem Raume M in Verbindung. Diese Einrichtung gestattet eine beliebige Heizung des Apparates; läßt man den Dampf durch Oeffnen des an r angebrachten Hahnes in die

Spirale treten, so wird man direct mit Dampf destilliren können. Schließt man hingegen diesen Hahn und läßt den

Fig. 10.

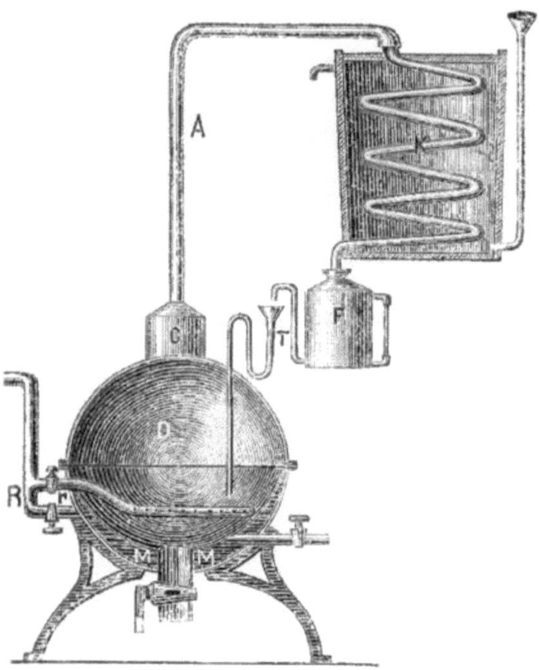

Dampf in den Raum zwischen der Blase und deren Mantel treten, so kann man indirect mit Dampf destilliren; öffnet man endlich beide Hähne, so wirkt der Dampf in der Blase selbst und an deren unterer Fläche.

Auf der oberen Wölbung der Blase ist ein cylindrischer Aufsatz C angebracht, der in das Rohr A übergeht und mit der Kühlschlange K verbunden ist. Die Flüssigkeiten, welche sich in dieser verdichten, gelangen in eine aus Blech angefertigte und mit einem Wasserstands-Anzeiger versehene Florentiner-Flasche F. Diese steht mit einem sogenannten Welter'schen Trichter T in Verbindung, der in der Blase angebracht ist.

Die Function des Apparates ist nun folgende: Aus der Blase erheben sich Dämpfe von Wasser und ätherischem Oel, welche in der Kühlschlange gemeinschaftlich verdichtet werden und aus dieser in die Florentiner-Flasche gelangen. Das aus dieser austretende Wasser, welches noch bedeutende Quantitäten von Oel gelöst enthält, gelangt aber, wie aus der Zeichnung ersichtlich ist, sogleich wieder in die Destillirblase, so daß man mit einer ganz kleinen Wassermenge im Stande ist, eine sehr bedeutende Quantität Oel abzudestilliren. — Wenn alles Oel aus dem Rohmateriale entfernt ist, gewinnt man noch zum Schlusse alles ätherische Oel, welches in dem Wasser gelöst ist; man erhitzt nämlich so lange fort, bis das aus der Kühlschlange ablaufende Wasser ganz geruchlos wird.

In dieser Form läßt sich der Apparat nur für Dampf-Destillationen bei gewöhnlichem Druck verwenden; würde man stärker gespannten Dampf benützen, so wäre ein Austreten desselben aus dem Trichterrohre T die Folge davon. Es ist aber nicht schwierig, diesem Uebelstande abzuhelfen. Man braucht blos an dem Trichterrohre T zwei Hähne und zwischen diesen ein Gefäß anzubringen, welches etwa doppelt so groß ist, als die Florentiner-Flasche. Man schließt während der Destillation den unteren Hahn des Trichters, indeß der obere geöffnet ist. Sobald das Gefäß an dem Trichter nahezu gefüllt ist, schließt man den oberen Hahn, öffnet den unteren und läßt den Inhalt des Gefäßes in die Blase fließen, worauf man die Hähne wieder in die frühere Stellung bringt.

Das Füllen der Blase geschieht von oben her durch eine weite Oeffnung, die durch eine aufgeschraubte Platte geschlossen wird; das Entleeren erfolgt entweder auch durch diese Oeffnung oder durch einen am unteren Theile der Blase angebrachten weiten Hahn.

Abgesehen davon, daß die Anwendung eines stärker gespannten und in Folge dessen heißeren Dampfes naturgemäß einen rascheren Verlauf der Destillation bedingt, bewirkt höher gespannter Dampf auch eine etwas größere Ausbeute an Oel, eine Erscheinung, deren Erklärung darin zu suchen ist, daß durch den heißen Dampf ein sehr vollständiges Aufquellen der Pflanzentheile erfolgt und darum das Oel vollständiger abdestillirt wird.

Wie langsam das Abdestilliren des Oeles aus ziemlich festen Pflanzentheilen, z. B. aus Hölzern, vor sich geht, ist leicht ersichtlich zu machen, wenn man Holz, das ätherisches Oel enthält, nur in etwas größeren Stücken der Destillation unterwirft. Nach stundenlangem Erhitzen findet man mit dem Mikroskope noch eine große Anzahl gefüllter Oelbehälter im Innern des Holzes vor.

Läßt man jedoch stark gespannten Wasserdampf auf nur mäßig verkleinertes Holz wirken, so genügt eine kurze Berührung mit diesem, um dem Holze das ätherische Oel sehr vollständig zu entziehen. — Uebrigens empfiehlt es sich, auch bei Anwendung von stärker gespanntem Dampf das Holz in möglichst verkleinertem Zustande anzuwenden; die hierdurch erwachsenden Kosten werden durch eine kurze Destillationsdauer und reichliche Ausbeute wieder herein gebracht.

XI.

Darstellung der ätherischen Oele durch Extraction.

Die ätherischen Oele lösen sich, wie schon angeführt wurde, in verschiedenen Flüssigkeiten auf. Besonders leicht geht die Lösung in Aether, Chloroform, Schwefelkohlenstoff und Petroleum-Aether von statten. Da alle hier genannten Flüssigkeiten einen Siedepunkt haben, der noch weit unter dem des Wassers liegt, so lassen sie sich auf ausgezeichnete Weise zur Gewinnung der ätherischen Oele verwenden. Das Verfahren hierbei ist in kurzem Folgendes: Man stellt sich durch passendes Behandeln der Pflanzenstoffe mit einem der genannten Lösungsmittel eine Lösung des ätherischen Oeles dar und trennt das flüchtige Lösungsmittel durch Abdestilliren von dem ätherischen Oele, welches als weit schwerer flüchtiger Körper in dem Destillirgefäße zurückbleibt.

In der Praxis ist jedoch diese Darstellung der ätherischen Oele nicht auf ganz so einfache Weise durchzuführen, wie es hier angegeben wurde, indem durch die Lösungsmittel nebst dem ätherischen Oele auch noch Harze, sowie Farb- und Extractivstoffe aufgelöst werden, welche man entfernen muß; auch ist es nothwendig, ein gewisses Verfahren einzuschlagen, um die letzten Reste des Lösungsmittels zu entfernen, welche dem Oele einen fremdartigen Geruch ertheilen würden.

Ehe wir an die Beschreibung des Verfahrens selbst gehen, ist es nothwendig, einige Worte über die Eigenschaften der Lösungsmittel selbst anzuführen. Alle oben genannten Stoffe sind außerordentlich flüchtig und sehr leicht entzündlich. Diese Eigenschaften erfordern offenbar die größte Vorsicht mit Feuer in jenen Räumen, in welchen mit diesen Körpern gearbeitet wird. Es muß mit der größten Strenge darauf gesehen werden, daß in solchen Räumen nie ein Licht gebrannt, nicht einmal ein Zündhölzchen angezündet werde, da es sich bei noch so sorgfältiger Construction der Apparate und dichtem Verschluß der Gefäße doch nie vollkommen verhüten läßt, daß nicht geringe Mengen der brennbaren Dämpfe in die Luft gelangen, welche sich an der Flamme entzünden könnten.

Der Aether (im Handel auch Schwefeläther, Aether sulphuris genannt) siedet schon bei 36 Graden Celsius (es sei hier bemerkt, daß alle Temperaturangaben in diesem Werke nach dem hunderttheiligen Thermometer gemacht sind) und würde in Folge dieses sehr nieder liegenden Siedepunktes wohl das geeignetste unter allen Extractionsmitteln sein, wenn es nicht zu hoch im Preise stünde.

Das Chloroform, eine angenehm riechende und betäubend wirkende Flüssigkeit, welche bei 65 Graden siedet, besitzt zwar ein sehr großes Lösungsvermögen für ätherische Oele, kommt aber im Handel häufig etwas säurehältig vor, und würde dann das Metall der Destillirapparate angreifen; das erhaltene ätherische Oel müßte durch eine besondere Destillation von der beigemengten Metallverbindung befreit werden.

Der Schwefelkohlenstoff (Alcohol sulphuris) bildet eine wasserhelle Flüssigkeit, welche das Licht sehr stark bricht, schwerer als Wasser ist, giftige Eigenschaften, einen eigenthümlichen, unangenehmen Geruch besitzt und bei 45 Graden siedet. Da der Schwefelkohlenstoff ein treffliches Lösungsmittel für Fette, Harze und Kautschuk ist, so wird er in großem Maßstabe dargestellt und kommt zu billigen Preisen in den Handel. Bei Verwendung von Schwefelkohlenstoff hat man besonders darauf zu achten, daß derselbe keinen unverbundenen Schwefel enthalte.

Der Petroleumäther ist ein seit der allgemeinen Einführung des Petroleums als Beleuchtungsmateriale jener Körper, welcher die vorgenannten als Lösungsmittel vielfach verdrängt hat, da er ihnen an Lösungsfähigkeit mindestens gleichkommt, sie aber an Billigkeit weit übertrifft.

Der Petroleumäther wird aus dem rohen Petroleum auf die Weise hergestellt, daß man dieses in großen

Destillirapparaten auf 45 Grade erhitzt und die bei dieser Temperatur flüchtigen Kohlenwasserstoffe verdichtet, den Rückstand in den Retorten aber als Brennmateriale in den Handel bringt. Reiner Petroleumäther ist wasserhell, von starkem dem Benzine ähnlichen Geruche und siedet bei 45 Graden.

Schwefelkohlenstoff und Petroleumäther sind eigentlich jene Lösungsmittel, welche gegenwärtig fast ausschließlich zur Extraction der ätherischen (und auch fetter) Oele verwendet werden, da sie dasselbe leisten wie Aether und Chloroform, ohne so hoch im Preise zu stehen wie diese.

Man verwendet in manchen Fabriken sehr complicirte Apparate zur Extraction der ätherischen Oele. Es ist aber eine bekannte Sache, daß ein Apparat um so schwieriger zu handhaben ist, je complicirter man ihn einrichtet und daß es auch verhältnißmäßig schwer hält, denselben vollkommen hermetisch abzuschließen. Letzteres ist aber gerade bei Extractionsapparaten ein sehr wichtiger Factor, indem es sich nicht blos darum handelt, den Apparat nicht feuergefährlich zu machen und die zur Extraction verwendete Flüssigkeit möglichst vollständig wieder zu gewinnen.

Wir empfehlen daher die complicirten Apparate nicht und zwar um so weniger, als man mit Hilfe ganz einfach gebauter Apparate den angestrebten Zweck, die ätherischen Oele vollständig in Lösung zu bringen, auch erreichen kann.

Um Extractionen im Kleinen auszuführen, bedient man sich des in umstehender Figur 11 abgebildeten Apparates, welchen man aus verzinntem Eisenblech oder aus Zinkblech anfertigen kann und der ganz besonders für Parfumeure oder Liqueurfabrikanten geeignet ist, welche frische, duftende Blüthen, die nur in beschränktem Maße zur Verfügung stehen, zu extrahiren wünschen.

Derselbe besteht aus einem cylindrischen Gefäße C, das unten durch einen Hahn a sperrbar und an welchen ein Rohr b angesetzt ist. Um den Apparat während der Extraction luftdicht zu schließen, ohne Schrauben anwenden zu müssen, bedienen wir uns eines hydraulischen Verschlusses für denselben. Wie aus der Abbildung ersichtlich, läuft um den Rand des Cylinders C eine Rinne R, in welche der Deckel D einpaßt. Wenn man letzteren aufsetzt und die Rinne mit Wasser füllt, so ist hierdurch der Cylinder C vollkommen luftdicht abgeschlossen.

Fig. 11.

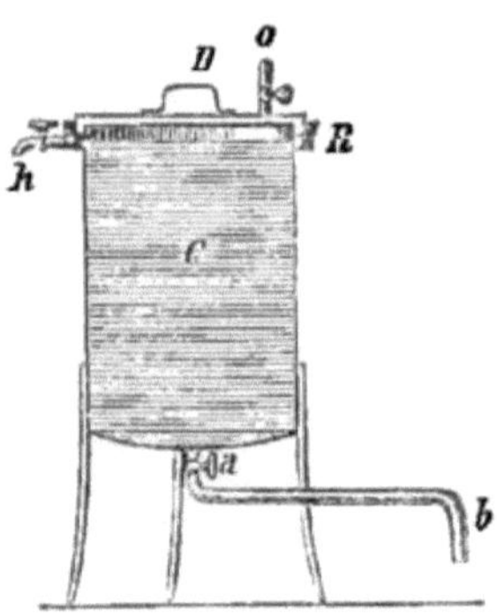

Um mit diesem Apparate zu arbeiten, füllt man ihn mit den betreffenden Pflanzenstoffen, übergießt diese rasch mit so viel Petroleumäther oder Schwefelkohlenstoff, daß die Pflanzenstoffe davon bedeckt sind, setzt den Deckel auf, füllt die Rinne R mit Wasser und läßt den Apparat 30 bis 40 Minuten ruhig stehen. Um die Flüssigkeit aus dem Gefäße entfernen zu können, öffnet man zuerst den am Deckel angebrachten Hahn o, sodann den unteren Hahn a, worauf die Lösung bei b ausfließt und sogleich in gut schließbaren Gefäßen aufgefangen wird. Man kann die Operation ein- oder zweimal wiederholen, oder man preßt die Pflanzenstoffe durch eine eingelegte Holzplatte aus und füllt den Apparat von neuem. — Der Hahn h dient zum Entleeren der Rinne R.

Bei Anwendung dieses Apparates benöthigt man eine verhältnißmäßig große Quantität des Lösungsmittels, um alles vorhandene ätherische Oel in Lösung zu bringen und erfordert die ganze Extraction, wegen des wiederholten

Aufgießens neuer Flüssigkeitsmengen ziemlich viel Zeit. Man hat daher Extractions-Apparate construirt, welche so eingerichtet sind, daß nur eine gewisse Menge des Lösungsmittels verwendet wird, um die Pflanzenstoffe zu extrahiren, daß aber das Lösungsmittel, sobald es eine Partie des Oeles in Lösung gebracht hat, sogleich wieder von diesem getrennt wird und neue Mengen von ätherischem Oele aufzulösen vermag. Figur 12 zeigt die Einrichtung eines derartigen Apparates.

Fig. 12.

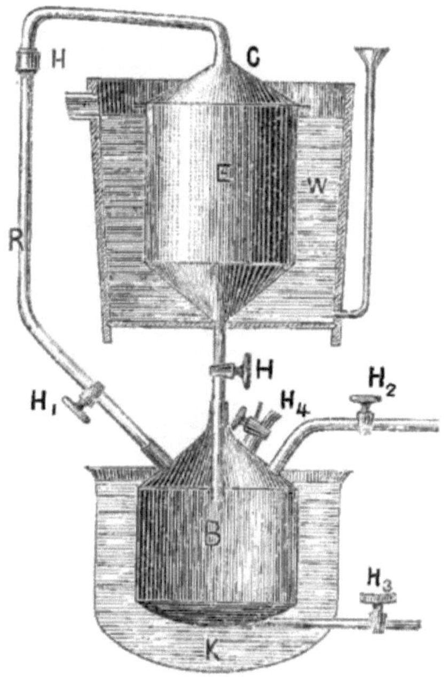

Derselbe besteht aus zwei Haupttheilen: aus dem eigentlichen Extractionsgefäße E und der Blase B. Das Extractionsgefäß ist in eine Kufe eingesetzt, welche kaltes Wasser W enthält und die Einrichtung besitzt, daß man das erwärmte Wasser aus derselben wegschaffen und durch kaltes ersetzen kann. Die Blase sitzt in einem Kessel K, welcher mit erwärmtem Wasser gefüllt ist.

Die Beschickung des Apparates wird auf die Weise vorgenommen, daß man den kegelförmigen Aufsatz C des Extractionsgefäßes, der durch Schrauben luftdicht auf diesem aufsitzt, losschraubt und auch die durch eine sogenannte Holländer-Verschraubung H bewirkte Verbindung desselben mit dem Rohre R löst. Das Extractionsgefäß wird sodann mit den Pflanzenstoffen beschickt, der Aufsatz C befestigt und die Verbindung mit dem Rohre R wieder hergestellt. Man öffnet sodann den Hahn H_2 und den Hahn H_4, welch' letzterer an einem mit einem Trichter versehenen Rohre angebracht ist und bringt die erforderliche Menge des Extractionsmittels in die Blase. Beide Hähne werden sodann wieder geschlossen, die Hähne H und H_1 aber geöffnet.

Man erhitzt nun das in dem Kessel K befindliche Wasser so weit, daß der Inhalt der Blase zu sieden anfängt. Der Dampf des Lösungsmittels steigt durch das Rohr R empor, wird bei seinem Eintritt in das Extractionsgefäß E verdichtet, fällt als Regen auf die zu extrahirenden Pflanzenstoffe und gelangt, mit ätherischem Oel beladen, wieder in die Blase B. In dieser kommt das Lösungsmittel wieder zur Verdampfung, muß wieder durch die Pflanzenstoffe gehen, hinterläßt aber das ausgezogene Oel in der Blase. — Während des Kochens des Lösungsmittels sorgt man durch fortwährenden Zufluß von kaltem Wasser für entsprechende Abkühlung des Extractionsgefäßes.

Nach beendeter Extraction — die hierzu nothwendige Zeit hängt von der Beschaffenheit der zu extrahirenden Pflanzenstoffe und der Größe des Apparates ab — sperrt man die Hähne H und H_1 und öffnet den Hahn H_2, welcher mit einer Kühlschlange in Verbindung gesetzt wird. — Es verdampft nunmehr das Lösungsmittel und kann durch Verdichtung des Dampfes wieder gewonnen werden. Das am Boden der Blase angebrachte Rohr mit dem Hahne H_3 dient zum Ablassen des ätherischen Oeles.

Man kann dem Apparate auch die Einrichtung geben, daß man die Blase B mit zwei Extractionsgefäßen in Verbindung setzt, welche abwechselnd functioniren. — Während der Inhalt des einen Apparates extrahirt wird, findet eine Entleerung und neue Füllung des zweiten statt.

Das Rectificiren der Oele.

Die ätherischen Oele, welche man durch Extraction erhält, sind stets mit anderen Stoffen gemengt, welche nebstbei aus den Pflanzenstoffen ausgezogen werden, und bestehen diese Beimengungen zumeist aus Harz, Gerbstoff und Farbstoffen. Um sie von diesen zu befreien, ist es nothwendig, sie noch einer weiteren Reinigung durch Destillation zu unterziehen, welche man die Rectification nennt. Auch die nach anderen Methoden erhaltenen ätherischen Oele bedürfen einer Rectification, wenn man sie vollkommen rein haben will, indem sie meistens durch fremde Stoffe gelblich gefärbt sind, und bei längerem Lagern harzartige Stoffe ausscheiden.

Rectificirte ätherische Oele sind, insoferne sie nicht eine besondere, ihnen eigenthümliche Färbung besitzen, farblos und von viel feinerem Geruche als die nicht rectificirten.

Fig. 13.

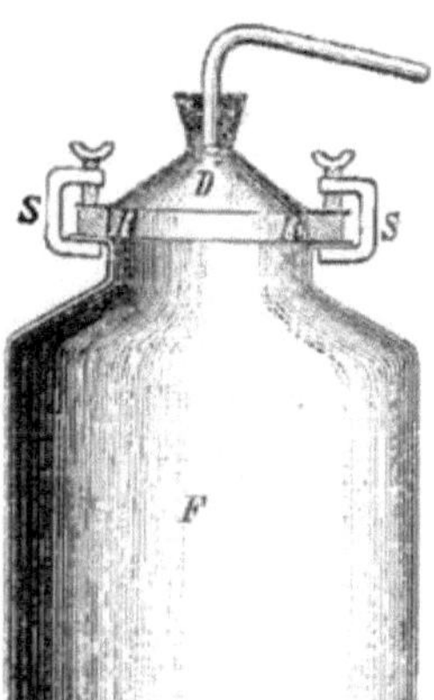

Wenn man nicht in sehr großem Maßstabe arbeitet, bedarf man zum Rectificiren keiner Blase, sondern kann sich hierzu kleinerer Destillirgefäße bedienen, welche in ein Bad aus fettem Oel, besser aus Paraffin, eingesetzt werden. Wenn in das Oel oder Paraffin ein Thermometer eingesenkt ist, läßt sich die Temperatur leicht so regeln, daß man das ätherische Oel gerade auf seinen Siedepunkt erhitzt und dasselbe gleichmäßig abdestillirt.

Figur 13 zeigt die Einrichtung eines derartigen Destillirgefäßes. Dasselbe besteht aus einem flaschenartigen Blechgefäße F, dessen kegelförmiger Deckel D mittelst eines Lederringes R und der

Schraubenzwingen S luftdicht aufgesetzt werden kann. Ein in den Deckel eingesetztes Rohr wird mit einer Kühlschlange in Verbindung gebracht.

Die durch Extraction dargestellten ätherischen Oele sind aber durch bloße Rectification noch nicht genügend gereinigt, indem ihnen hartnäckig Spuren der Lösungsmittel anhaften, welche nur durch einen Luftstrom, der eine zeitlang durch das Oel geblasen wird, entfernt werden können. — Berührung mit Luft wirkt aber, wie erwähnt, nachtheilig auf die ätherischen Oele ein, indem dieselben hierdurch an Lieblichkeit des Geruches verlieren. Wir verwenden

Fig. 14.

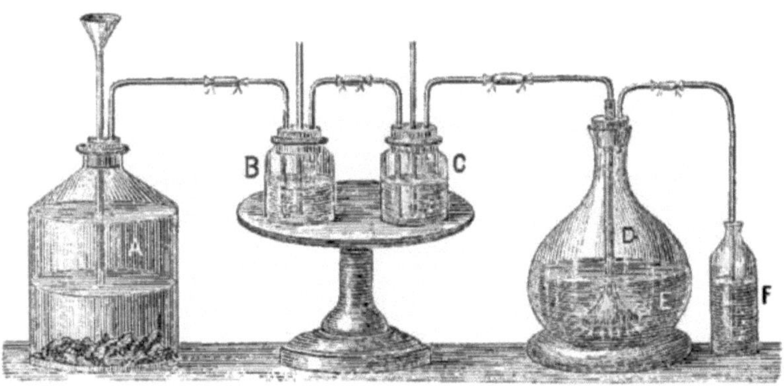

deshalb bei kostbaren Oelen nie einen Luftstrom, sondern lassen durch dieselben einen Strom von reiner Kohlensäure gehen. — Figur 14 giebt eine Abbildung des hierzu dienenden Apparates. Die große Flasche A, welche mit Stücken von weißem Marmor halb gefüllt ist, wird mit einem zweifach durchbohrten Kork geschlossen; durch die eine Bohrung ist ein Trichterrohr gesteckt, in die andere ein kurzes rechtwinkelig gebogenes Rohr eingepaßt. Dieses steht mit einem anderen Rohr in Verbindung, welches bis auf den Boden des Gefäßes B reicht, in dem außerdem eine oben und unten offene Röhre und ein kürzeres rechtwinklig gebogenes Röhrenstück eingefügt ist. Neben diesem Gefäße ist ein zweites C aufgestellt, das die gleiche Einrichtung hat. Das aus C führende Rohr steht mit einem weiteren Zinnrohre D in Verbindung, welches sich nach unten zu in einen Ansatz erweitert, der Aehnlichkeit mit der Brause einer Gießkanne besitzt. Dieses Rohr ist in den Glasballon E eingesenkt, in welchem sich das ätherische Oel befindet. Endlich führt ein Rohr nach der Flasche F, die mit Wasser gefüllt ist.

Wenn man den Apparat in Gang setzen will, gießt man durch das Trichterrohr stark verdünnte Salzsäure auf die Marmorstücke, wodurch aus diesen sogleich ein lebhafter Strom von Kohlensäure entwickelt wird. Da aber durch den Kohlensäurestrom auch Wasser und Salzsäure mitgerissen wird, muß derselbe von diesen Stoffen befreit werden, ehe er mit dem ätherischen Oele in Berührung kommt.

Die Gefäße B und C dienen hierzu; das Gefäß B ist zur Hälfte mit Wasser gefüllt, während das Gefäß C starke Schwefelsäure enthält. In B wird die von dem Gasstrome mitgerissene Salzsäure zurückgehalten, während durch die Schwefelsäure das Wasser gebunden wird. Der aus C austretende Kohlensäurestrom gelangt vollkommen rein in das ätherische Oel und strömt in vielen Blasen durch die feinen Oeffnungen des Rohres D aus, reißt die Spuren des Lösungsmittels, welche dem Oele noch anhaften, mit sich und gelangt endlich durch das in der Flasche F enthaltene Wasser in's Freie. In der Flasche F werden noch die kleinen Mengen des ätherischen Oeles, welche etwa von dem Gasstrome mitgerissen werden, zurückgehalten.

Wenn man die durch Extraction und Ausblasen mit Kohlensäure gewonnenen ätherischen Oele sofort in luftdicht verschließbare Gefäße bringt und diese im Dunkeln aufbewahrt, so kann man selbst die veränderlichsten unter den ätherischen Oelen durch Jahre hindurch aufbewahren, ohne daß sie auch nur im mindesten ihre Eigenschaften ändern. Jene Oele, welche durch Ausblasen mit atmosphärischer Luft erhalten wurden, werden bei langem Liegen immer etwas dickflüssiger und verlieren an Feinheit des Geruches, indem die von dem Oele während des Ausblasens aufgenommene Sauerstoffmenge im Laufe der Zeit ihre oxydirende Wirkung äußert.

XII.

Darstellung der ätherischen Oele durch Extraction unter Anwendung von erhöhtem Druck. Die Deplacirungsmethode.

Bei Anwendung eines erhöhten Druckes kann man die ätherischen Oele selbst bei gewöhnlicher Temperatur mittelst eines der oben angeführten Lösungsmittel oder selbst von starkem Weingeist gewinnen. Wenn man den Vorgang in's Auge faßt, durch welchen der Druck hervorgerufen wird, so findet man, daß das Princip der hierbei verwendeten Apparate jenes ist, das bei den sogenannten Real'schen Pressen angewendet wird.

Bekanntlich ist der Druck, welchen eine Flüssigkeit auf den Boden eines Gefäßes ausübt, nur abhängig von der Größe der Bodenfläche und der Höhe der drückenden Flüssigkeitssäule, nicht aber von der Quantität der angewendeten

Flüssigkeit. Man kann daher mittelst einer ganz dünnen, aber hohen Flüssigkeitssäule auf eine Fläche einen sehr mächtigen Druck ausüben.

Bringt man einen Pflanzenstoff, welcher ätherisches Oel enthält, unter diesen Verhältnissen mit einem Lösungsmittel zusammen, so erfolgt ein doppelter Vorgang: das ätherische Oel wird durch den Druck der Flüssigkeit aus den Oelbehältern verdrängt oder deplacirt, daher der Name Deplacirungsmethode, und gleichzeitig von dem Lösungsmittel aufgenommen. — Durch die Stärke des auf die Pflanzenstoffe wirkenden Druckes wird sowohl die Verdrängung als die Auflösung des ätherischen Oeles sehr beschleunigt und die Arbeitszeit bedeutend abgekürzt.

Fig. 15.

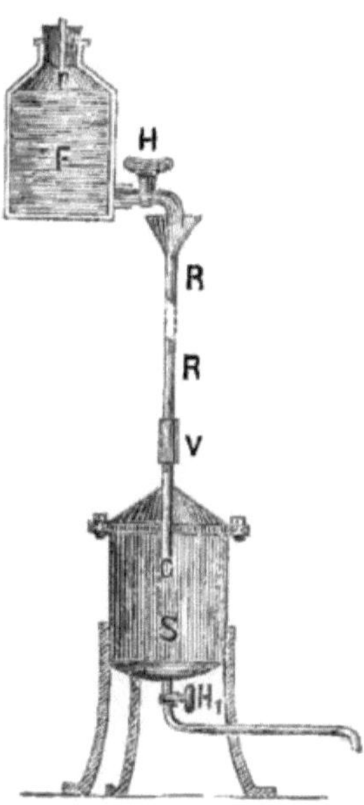

Zur Deplacirung verwendet man einen Apparat, der, wie gesagt, dem Principe nach mit der Real'schen Presse übereinstimmt, aber entsprechend der Arbeit, welche er zu leisten hat, modificirt werden muß. Figur 15 zeigt die Einrichtung eines solchen Apparates.

Die Flasche F ist oben durch einen Kork geschlossen, in welchem ein zu einer feinen Spitze ausgezogenes Glasrohr steckt; nahe am Boden besitzt die Flasche einen zweiten Hals, in welchen ein Hahn H eingesetzt ist, der über dem Trichter eines metallenen Rohres R steht. Dieses Rohr soll so lang gewählt werden, als die Höhe des Gebäudes gestattet; je höher dasselbe ist, desto bedeutender ist auch der von der Flüssigkeit ausgeübte Druck. Eine Länge von zehn Metern ist als das Minimum anzunehmen und braucht die Weite dieses Rohres nur einige Millimeter zu betragen. Das Rohr steht durch eine Holländer-Verschraubung V mit dem Extractionsgefäß C in Verbindung. Dieses ist aus sehr starkem, gut verzinntem Eisenblech angefertigt und ist der Deckel D desselben mittelst eines Lederringes und Schrauben luftdicht aufzupassen. Unmittelbar über dem Boden dieses Gefäßes liegt ein Siebboden S und ist in den Boden ein nach der Seite gebogenes, enges Rohr eingesetzt, welches durch einen Hahn H_1 geschlossen wird.

Alle Theile des Apparates müssen fest und sorgfältig gearbeitet sein, indem bei einer Flüssigkeitssäule von nur 10 Meter Höhe der von der Flüssigkeit in dem Gefäße C ausgeübte Druck schon nahezu ein Kilogramm auf jeden Quadrat-Centimeter der Oberfläche beträgt. Hat also das ganze Gefäß C nur eine Gesammtoberfläche von einem Quadrat-Meter, so beträgt der auf demselben lastende Druck bei 10 Meter Flüssigkeitshöhe schon 10,000 Kilogramm.

Man beginnt die Arbeit damit, daß man die zu extrahirende Substanz in einem leinenen Sack, welcher genau in den Cylinder C paßt, in diesen einsetzt, den Deckel befestigt und durch vorsichtiges Oeffnen des Hahnes H die in der Flasche F befindliche Flüssigkeit in den Apparat laufen läßt. Man muß hierbei Sorge tragen, daß die Flüssigkeit in einem dünnen Strahle an der Innenwand der Röhre hinabfließe, damit die in dem Apparate enthaltene Luft entweichen könne, ohne in Blasen ausgestoßen zu werden, wodurch Flüssigkeit aus dem Rohre geschleudert würde. Man kann durch zweckentsprechendes Erweitern der Oeffnung des Rohres r den Abfluß der Flüssigkeit leicht reguliren.

Sobald die Flüssigkeit bis in den Trichter des Rohres R gestiegen ist, schließt man den Hahn H und überläßt die Pflanzenstoffe durch 30 bis 60 Minuten der Einwirkung des Lösungsmittels. Nach beendeter Extraction öffnet man den Hahn H_1 sehr langsam und läßt die mit großer Gewalt hervordringende Flüssigkeit in eine Flasche fließen, in welcher sie sich klärt und etwa mitgerissene Pflanzentheile absetzt.

Sobald die Flüssigkeit abgelaufen ist, schließt man den Hahn H_1, füllt den Apparat mit reinem Wasser, das aus einer Flasche zufließt, welche dieselbe Einrichtung hat, wie die Flasche F, öffnet dann sofort den Hahn H_1 und fängt die ausströmende Flüssigkeit in einer besonderen Flasche auf. — Das Nachgießen des Wassers hat den Zweck, die in den Zwischenräumen der Pflanzenstoffe zurückbleibende Flüssigkeit zu gewinnen. Diese zweite, aus Wasser und Lösung des ätherischen Oeles bestehende Flüssigkeit wird nach erfolgter Klärung durch einen Scheidetrichter getrennt, die Lösungen der ätherischen Oele vereinigt und durch Abdestilliren des Lösungsmittels und nachfolgendem Ausblasen das Oel gereinigt, wie oben angegeben worden.

Die Deplacirungsmethode eignet sich recht gut zur Herstellung von Oelen, welche in bedeutenden Mengen in den Pflanzenstoffen vorkommen, wie z. B. des Gewürznelken-, Muscat- und Macisöles und mehrerer anderer Oele.

XIII.

Darstellung der ätherischen Oele durch Maceration. Das Infusions-Verfahren.

Die Fette, sowohl die flüssigen (fetten Oele) als auch die festen Fette (Butterarten), haben die Eigenschaft, riechende Stoffe mit großer Energie an sich zu ziehen und dieselben festzuhalten. Behandelt man daher solche Fette mit Pflanzenstoffen, welche ätherischen Oelen ihren Wohlgeruch verdanken, so nimmt das Fett das ätherische Oel in sich auf, giebt es aber bei längerem Zusammensein mit sehr starkem Alkohol an diesen ab, so daß man schließlich eine Lösung des ätherischen Oeles in Alkohol vor sich hat, aus welcher durch Abdestilliren des Alkoholes das reine Oel erhalten werden kann.

Das Macerations- oder Infusions-Verfahren wird ganz besonders für jene wohlriechenden Pflanzenstoffen angewendet, deren ätherische Oele so zarter Natur sind, daß sie durch Destillation einen großen Theil ihres angenehmen Geruches einbüßen würden. Alle feinen ätherischen Oele, welche aus duftenden Blumen gewonnen werden, müssen entweder durch Infusion oder durch die Absorptionsmethode dargestellt werden. Der mit Recht bedeutende Ruf von der Vorzüglichkeit der französischen Parfumerien hat seine Begründung darin, daß alle feinen ätherischen Oele ausschließlich durch die Infusions- oder Absorptionsmethode dargestellt werden.

Das hierbei verwendete Fett, sei es nun Olivenöl oder Schweinefett, muß vorher der sorgfältigsten Reinigung unterzogen werden und in Wirklichkeit ein sogenanntes Neutralfett, das heißt frei von jeder Spur freier Säure sein, da die freien Säuren, welche das Ranzigwerden der Fette bedingen, einen unangenehmen Geruch haben, der die Feinheit des Geruches der ätherischen Oele sehr beeinträchtigen würde. Die Reinigung der Fette wird auf die Weise vollzogen, daß man das Fett in der Wärme mehrere Male mit schwacher Natronlauge behandelt und sodann auf das Sorgfältigste mit Wasser so lange wäscht, bis auch die letzte Spur der Lauge entfernt ist und das Fett vollkommen neutral, das heißt weder sauer noch alkalisch reagirt.

Wenn man zur Infusion Olivenöl anwendet, so erhält man die sogenannten Huiles antiques, das sind Lösungen des ätherischen Oeles in den fetten Oelen; verwendet man Schweinefett, so erhält man die sogenannten echten Pomaden, welche direct als kostbare Parfumerie-Artikel angewendet werden, in den Fabriken aber als Ausgangspunkt zur Darstellung der ätherischen Oele dienen.

Nach dem älteren Verfahren geschieht das Maceriren auf die Weise, daß man das Fett in Porzellantöpfen oder auch in gut emaillirten Eisentöpfen, die in einem großen flachen und mit Wasser gefüllten Kessel eingesetzt sind, also in einem Wasserbade stehen, einer gleichmäßigen Wärme von 40 bis 50 Graden aussetzt. Die Pflanzenstoffe, welche macerirt werden sollen, müssen, wenn sie Blüthen sind, ganz frisch gepflückt sein, und werden in Säckchen aus feiner Leinwand in das erwähnte Fett gehängt.

Die Zeit, während welcher man eine Partie von Pflanzenstoffen mit dem Fette in Berührung läßt, ist eine verschiedene, je nach der Art der Pflanzen; bei zarten

Blüthen, wie Veilchen, Maiglöckchen, kürzer als bei anderen und wechselt zwischen 12 und 48 Stunden. Nach Verlauf dieser Zeit hebt man die Säckchen aus den Töpfen, läßt sie gut abtropfen und bringt sie dann zusammen unter eine kleine Schraubenpresse, wo sie tüchtig ausgepreßt werden; das ausgepreßte Fett wird wieder in die Töpfe gebracht.

Da das Fett viel mehr an ätherischen Oelen aufzunehmen vermag, als durch einmaliges Einsenken von Blüthen in dasselbe gelangt, so bringt man unmittelbar, nachdem die erste Partie von Blüthen ausgehoben wurde, neue Säckchen mit Blüthen in das Fett. Die französischen Fabriken ätherischer Oele behandeln das Fettquantum bis zu 16 Malen mit frischen Blüthen. Wenn man Blüthen durch noch längere Zeit zur Verfügung hat, als eine so oftmalige Wiederholung der Arbeit erfordert, so kann man das Einhängen neuer Blüthenmengen noch öfter wiederholen.

Die Erfahrung hat gelehrt, daß die ätherischen Oele, welche nach diesem Verfahren aus den Blüthen gewonnen werden, einen um so feineren Duft besitzen, je kürzer die Zeit ist, während welcher die Blüthen mit dem Fette in Berührung bleiben. Die Ursache dieser Erscheinung liegt offenbar darin, daß bei längere Zeit dauernder Berührung der Blüthen mit dem Fette, erstere außer dem Oele noch andere Stoffe an das Fett abgeben, welche den Geruch des Oeles beeinflussen. Man hat daher versucht, durch Anwendung entsprechender Vorrichtungen die Macerationsdauer auf den möglichst kurzen Zeitraum zu beschränken.

In Figur 16 geben wir das Princip an, nach welchem solche Apparate eingerichtet werden können. Derselbe besteht aus einem horizontal gestellten Blechkasten K, dessen Deckel flüssigkeitsdicht aufgeschraubt werden kann. Dieser Kasten ist durch quergestellte Scheidewände W in eine Anzahl gleich großer Räume zerlegt. Man hat Macerations-Kästen, welche bis zu zehn und selbst noch mehr solcher Räume enthalten. Jede dieser Scheidewände hat eine Oeffnung

Fig. 16.

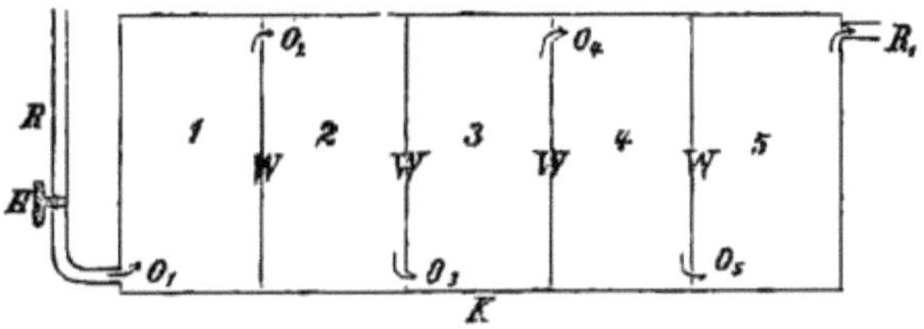

(O bis O_5), welche so angebracht ist, daß sich je eine Oeffnung nahe dem Boden, und je eine nahe dem Deckel des Gefäßes befindet.

Zu dem Apparate gehören prismatische Körbe aus Drahtgeflecht, welche in die durch die Querwände gebildeten Räume passen und mit frischen Blüthen gefüllt eingesetzt werden. Ein durch einen Hahn H sperrbares Rohr R steht mit einem etwas höher gestellten Behältnisse in Verbindung, welches mit Oel oder geschmolzenem Fett gefüllt ist; ein am entgegengesetzten Ende des Apparates angebrachtes Rohr R_1 führt das durchgegangene Fett nach einem anderen Behältnisse.

Der Betrieb des Apparates wird nun auf folgende Weise geleitet. Man setzt in die Abtheilungen 1 bis 5 Kästen, welche mit Blüthen gefüllt sind, ein, und läßt das ganze zur Maceration verwendete Fettquantum durch den Apparat gehen. Die in der Abtheilung 1 befindlichen Blüthen werden offenbar die größte Menge von ätherischem Oel an das Fett abgeben, die in 2 enthaltenen weniger, da in dem Fette schon etwas ätherisches Oel aus 1 gelöst ist. Die folgenden Körbe werden immer weniger Oel abgeben, je weiter sie von der Einflußstelle des Fettes entfernt sind.

Nachdem alles Fett durch den Apparat gegangen ist,

betrachtet man die in der Abtheilung 1 befindlichen Blüthen als an Wohlgeruch erschöpft und beseitigt sie. Der in dem Raume 2 gewesene Behälter wird nach dem Raume 1 gebracht, jener aus 3 nach 2 und so fort, daß alle Körbe gleichmäßig gegen die Einflußstelle des Fettes vorrücken. In die letzte Abtheilung des Apparates wird ein mit frischen Blüthen gefüllter Korb gesetzt.

Man läßt nun das Fett, welches den Apparat bereits einmal passirt hat, wieder in der gleichen Richtung durch denselben gehen und läßt nach jedesmaligem Durchgang des Fettes die Körbe um eine Abtheilung vorrücken. Hat der Apparat z. B. zwanzig Abtheilungen und dauert das Durchströmen des Fettes eine Stunde, so kann, wenn man die Zeit, welche zum Umsetzen der Körbe erfordert wird, auf vier Stunden veranschlagt, die Maceration eines bedeutenden Blüthenquantums in einem Tage vollendet sein.

Das mit den ätherischen Oelen der Blüthen gesättigte Olivenöl, oder Huile antique, oder das ebenso behandelte Schweinefett (Pomade) werden nun so bald möglich weiter auf ätherisches Oel verarbeitet. Bei den Oelen ist die Manipulation eine sehr einfache; man füllt sie einfach in große Glasflaschen, welche bis zur Hälfte mit sehr starkem und absolut fuselfreiem Weingeist gefüllt sind; gewöhnlich nimmt man die Hälfte des Oeles von der angewendeten Weingeistmenge.

Die Flaschen werden wohlverschlossen in einem schwach erleuchteten und mäßig warmen Raume aufgestellt und bleibt das Oel durch mehrere Wochen mit dem Weingeiste in Berührung. Da das Oel eine von dem Weingeist scharf gesonderte Schichte bildet, so muß man durch oftmaliges Durchschütteln des Flascheninhaltes für eine Mengung des

Oeles mit dem Weingeiste Sorge tragen; hat man eine große Anzahl von Flaschen, so ist dies keine geringe Arbeit.

Wenn man über eine billige mechanische Kraft verfügt, so kann man die zur Auflösung der ätherischen Oele aus dem fetten Oele nothwendige Zeit sehr abkürzen, wenn man das Fett unausgesetzt mit dem Weingeiste mischt. Der hierzu dienende Apparat ist sehr einfach und besteht der Hauptsache nach aus einem horizontal liegenden Cylinder, der langsam um seine Axe gedreht wird. Durch eine flüssigkeitsdichte zu verschraubende Oeffnung füllt man diesen Cylinder bis zu drei Viertel mit Oel und Weingeist und läßt ihn durch einige Tage fortwährend rotiren. Nach Verlauf dieser Zeit hat der Weingeist in Folge der unausgesetzten Vermengung mit dem Oele so viel ätherisches Oel aufgenommen, als er überhaupt aufzunehmen vermag, und kann diese weingeistige Lösung weiter verarbeitet werden.

Es sei hier bemerkt, daß es geradezu unmöglich zu sein scheint, durch Behandeln mit Weingeist dem Oele das gesammte Quantum der aufgelösten ätherischen Oele zu entziehen; nach Monate langer Behandlung mit stets neuen Alkoholmengen zeigt das Oel (und auch das Schweinefett) noch immer den Geruch des ätherischen Oeles. Es ist dies übrigens nicht als ein Verlust zu betrachten; man kann die betreffenden Fette neuerdings zur Gewinnung desselben ätherischen Oeles verwenden, zu dessen Darstellung es schon gedient hat, oder — und dies geschieht am häufigsten, als Parfumerie-Artikel — welche noch dazu zu den kostbarsten Wohlgerüchen gehören, verwerthen, da sie den entsprechenden Duft in einer Feinheit zeigen, wie er sonst durch directes Auflösen von ätherischen Oelen in Fett nicht zu erhalten ist.

Um dem mit ätherischem Oel gesättigten Schweinefett eine möglichst große Oberfläche zu geben, verwandelt man dasselbe durch Zerschneiden mit Hilfe eines Wiegenmessers in kleine Stücke, die man mit Alkohol behandelt. Wir erreichen den gleichen Zweck weit einfacher und vollkommener durch Anwendung einer einfachen Vorrichtung. Dieselbe besteht aus einem Cylinder, welcher vorne geschlossen ist, und ein enges Ausflußrohr von 2 Mm. Durchmesser besitzt. Die Pomade wird in diesen Cylinder eingefüllt, auf sie ein genau passender Kolben gesetzt und das Fett durch gleichmäßiges Drücken auf diesen Kolben in Form eines dünnen Fadens hervorgepreßt. Der Faden aus Fett wird auf einer kreisförmigen aus Siebblech gefertigten Scheibe so aufgefangen, daß er auf derselben hin und her und sodann kreuzweise senkrecht auf die erste Lage aufgelegt wird. Diese mit Fett bedeckten Scheiben setzt man übereinander in einen Blech-Cylinder, in welchem sie durch Stützen getragen werden. Sobald der Cylinder gefüllt ist, gießt man so viel Weingeist in denselben, daß auch die oberste Platte davon überdeckt ist und schließt den Cylinder luftdicht. Nach etwa einer Woche läßt man durch einen am Boden des Cylinders angebrachten Hahn etwa ein Drittel des zugegossenen Weingeistes ab und ersetzt dieses durch eine entsprechende Menge von frischem Weingeist; nach einer weiteren Woche wiederholt man die gleiche Operation.

Die Lösung des ätherischen Oeles in Weingeist besitzt eine größere Dichte als dieser, sinkt demnach zu Boden und ist das abgelassene Quantum gesättigt mit ätherischem Oele. Man richtet den angegebenen Apparat am zweckmäßigsten so ein, daß die erwähnten Siebplatten, so nahe als es angeht, ohne daß die Fettschichte der einen den Boden der darüber stehenden berührt, somit ein möglichst geringer Raum für den Alkohol übrig bleibt. Man kann sodann schon nach 36 bis 38 Stunden das gesammte Alkoholquantum ablassen, durch frischen Weingeist ersetzen und auf diese Weise die Auflösung des ätherischen Oeles schnell zu Ende führen.

Die Lösungen der ätherischen Oele — gleichgiltig ob sie nun durch Behandeln der Blüthen mit Oel oder Schweinefett und nachherigem Ausziehen mit Weingeist erhalten wurden — bestehen gewöhnlich nicht blos aus ätherischem Oel und Weingeist, sondern enthalten außerdem meist noch etwas Farbstoff oder Harz, aber in so geringen Mengen, daß eine Trennung von diesen Stoffen nur in sehr seltenen Fällen vorgenommen wird. Gewöhnlich verwendet man diese Lösungen unter dem Namen Extracte oder Extraits unmittelbar in der Parfumerie- oder Liqueurfabrikation zur Hervorbringung der feinsten Wohlgerüche.

Man unterscheidet im Handel sogenannte einfache Extracte, Extraits simples, doppelte Extracte, Extraits doubles, und dreifache Extracte, Extraits triples und bezeichnet damit einen Weingeist, welcher der Bezeichnung entsprechend immer mehr an ätherischem Oele gelöst enthält; die dreifachen Extracte haben demzufolge den stärksten Geruch unter allen.

Wenn man die ätherischen Oele aus den weingeistigen Extracten für sich darstellen will, destillirt man den Extract in einem der vorangegebenen Destillirapparate, wobei man aber die Vorsicht gebraucht, daß das in einem Wasserbade stehende Destillirgefäß gerade nur soweit erhitzt wird, daß sein Inhalt siedet und ein Höhersteigen der Temperatur vermieden wird. Am besten ist es mit dem Erhitzen nicht weiter als bis zu 80 Graden zu gehen; es verdampft hierbei aller Alkohol und der größte Theil des Wassers; das ätherische Oel bleibt nebst einem sehr kleinen Wasserquantum in dem Destillirgefäße zurück und kann von diesem mittelst des Scheidetrichters getrennt werden. Ist das ätherische Oel sehr dickflüssig, so benützt man einen Scheidetrichter, welcher in einem zweiten steckt, der mit heißem Wasser gefüllt wird; bei höherer Temperatur sind auch die bei gewöhnlicher Wärme butterartigen ätherischen Oele dünnflüssig genug, um sich vollständig von dem Wasser zu trennen.

Die Macerations- oder Infusions-Methode ist diejenige, mittelst welcher sehr zarte Pflanzendüfte aus den Blüthen gewonnen werden: man wendet sie zur Gewinnung von Orangenblüthen-, Acacia-, Veilchen-, Reseda- und anderen herrlich duftenden Oelen an.

XIV.

Die Darstellung der ätherischen Oele durch das Absorptions-Verfahren.

Die in den Pflanzenstoffen enthaltenen ätherischen Oele verflüchtigen sich schon bei gewöhnlicher Temperatur; das Duften der Blumen rührt von dieser Verflüchtigung her. Es giebt nun gewisse ätherische Oele, welche einen so hohen Grad von Veränderlichkeit besitzen, daß selbst die mäßige Wärme, welche man bei der Maceration anwenden muß, auf sie so einwirkt, daß die Feinheit des Geruches dadurch leidet. Um solche Oele zu gewinnen, bleibt daher nichts anderes übrig, als die Blüthen bei gewöhnlicher Temperatur mit Fett in Berührung zu bringen, welches das freiwillig verdampfende Oel absorbirt. Man nennt dieses

Verfahren der Gewinnung von ätherischen Oelen daher das Absorptions-Verfahren, oder die Beduftung (Enfleurage).

Bei der ungemein geringen Menge von ätherischem Oel, welche das Fett nach diesem Verfahren aus den Blüthen aufnimmt, ist die zur Sättigung des Fettes mit Oel nothwendige Zeit eine sehr lange und verursacht diese Methode sehr viel Arbeit, namentlich dann, wenn man die Beduftung auf die Weise vornimmt, wie sie ursprünglich in den französischen Fabriken ausgeführt wurde.

Man benützte hierzu Glastafeln von etwa 0,6 Quadratmeter Oberfläche (G Figur 17), welche mit mehrmals ausgekochtem Schweinefett, das in einer sehr dünnen Schichte, nicht über 5 Mm. auf denselben ausgebreitet wurde, bedeckt waren. Jede Tafel wurde in einen Rahmen R gelegt, welcher einen erhöhten Rand besaß und die Oberfläche des Fettes mit Blüthen bestreut. Auf den Rahmen wurde ein zweiter gesetzt, so daß die Blüthen in ein flaches Gefäß eingeschlossen waren, dessen Deckel von der Unterseite der oberen Glasplatte gebildet wurde.

Fig. 17.

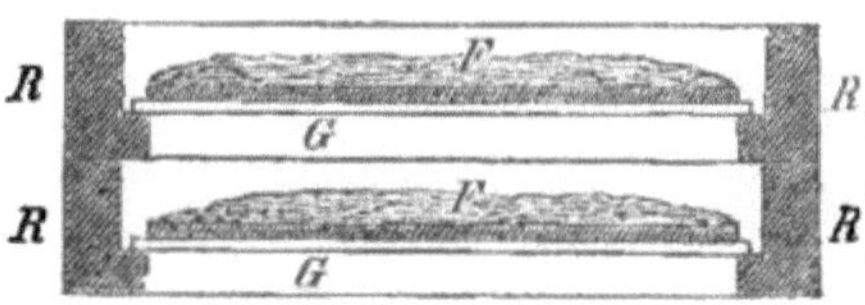

Man baute aus solchen über einander gestellten Rahmen hohe Stöße und ließ die Blüthen auf demselben so lange liegen, bis sie welk geworden waren, worauf man sie wiederholt durch frische ersetzte, bis das Fett eine entsprechende Menge von ätherischem Oele aufgenommen hatte. Wie aus dieser Beschreibung zu entnehmen ist, erfordert dieses Verfahren außerordentlich viele Arbeitskraft, um die Blüthen zu wechseln, und die Rahmen umzusetzen, und wird daher wohl nur mehr in wenig Fabriken nach demselben gearbeitet.

Durch Anwendung einfach gebauter Apparate läßt sich dasselbe jedoch mit einem geringen Aufwand an Arbeit und Zeit leicht durchführen. Figur 18 zeigt das Princip

Fig. 18.

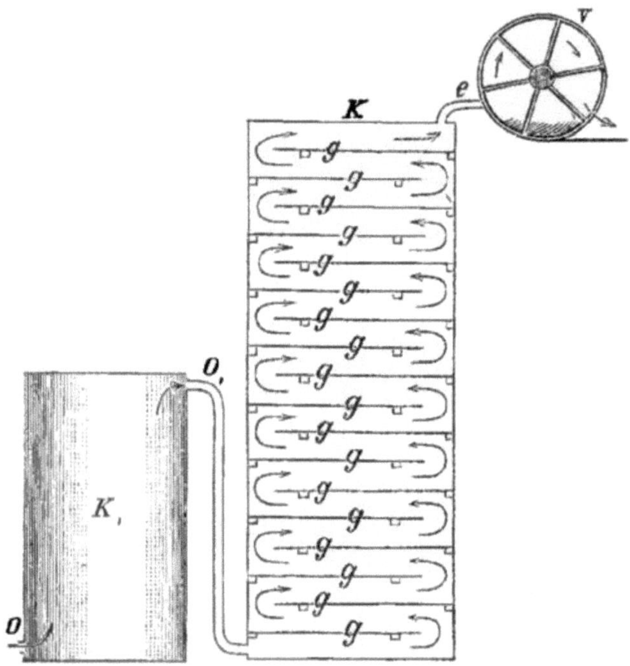

eines derartigen Apparates, der außer den oben erwähnten noch den Vortheil bietet, daß das Fett gar nicht mit den Blüthen in directe Berührung gelangt, wodurch jedem Verlust an Fett vorgebeugt wird.

Der Apparat besteht aus einem hohen Kasten aus Holz, welches mit Thüren versehen ist, deren Falze mit Kautschuk belegt sind und dadurch luftdicht schließen. In dem Kasten sind Leisten derart angebracht, daß man Glastafeln G über einander so einschieben kann, daß sich eine Anzahl derselben, z. B. jene mit ungeraden Zahlen an die linke Wand anschließen, und nach rechts einen Raum frei lassen, während jene mit geraden Zahlen rechts anliegen, links aber frei sind.

Vom Boden des Kastens geht ein Rohr ab, welches in einen Blechcylinder mündet, der locker mit den Blüthen gefüllt ist und unten bei O eine seitliche Oeffnung besitzt. Von dem Deckel des Kastens K steigt ein Rohr e auf, das mit einem kleinen Ventilationsapparate, der durch ein Uhrwerk oder durch Gewichte in Gang erhalten wird, verbunden ist.

Wenn man den Ventilator in Gang setzt, saugt er einen Luftstrom durch den Apparat. Die Luft dringt bei O in den Cylinder K_1 ein, steigt durch die Blüthen empor und beladet sich mit Dämpfen von ätherischem Oel, gelangt durch O_1 in den Kasten K, streicht in der durch die Pfeile angegebenen Richtung über die mit Fett bedeckten Platten, und giebt das ätherische Oel an dieses ab. Man hat auch ähnliche aber minder vollkommene Apparate construirt, bei welchen der Luftstrom durch Blasebälge erzeugt wird.

Auch bei dem Absorptions-Verfahren, wie wir es hier beschrieben haben, äußert sich der schädliche Einfluß der atmosphärischen Luft auf das Oel; man erhält eine verringerte Ausbeute, indem ein Theil des ätherischen Oeles durch die oxydirende Wirkung der Luft geruchlos gemacht wird. Es ist daher zu empfehlen, auch hier nicht mit Luft, sondern mit einem indifferenten Gase zu arbeiten und eignet sich die Kohlensäure wegen ihrer leichten Beschaffung hierzu ganz besonders.

In Figur 19 geben wir die Abbildung eines von uns construirten Apparates, mittelst welchen man die Absorption durch einen Kohlensäurestrom bewirkt.

In der Flasche F wird Kohlensäure dadurch erzeugt, daß man auf Stücke von weißem Marmor M durch das Trichterrohr R Salzsäure gießt, das sich entwickelnde Gas in der Waschflasche W von mitgerissener Säure befreit und dasselbe von hier in den mit Blüthen gefüllten Blech-Cylinder B treten läßt. Der Kohlensäurestrom beladet sich hier mit

Fig. 19.

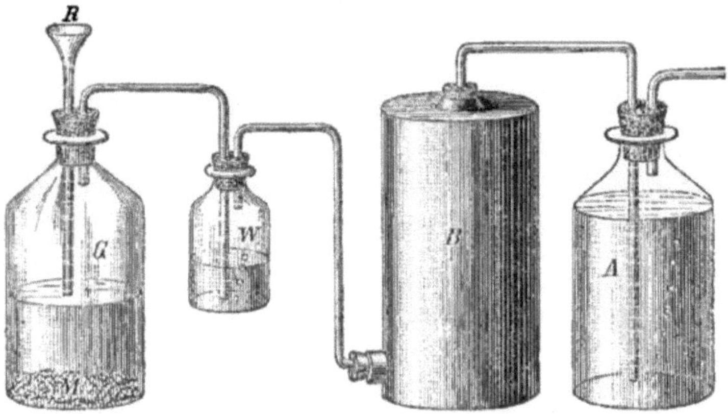

ätherischem Oele und gelangt sodann in eine Flasche A, die sehr starken Alkohol enthält, welcher das ätherische Oel zurückhält. Die aus e entweichende Kohlensäure kann wieder zur Absorption neuer Mengen von ätherischem Oel benützt werden.

Der hier angegebene Apparat versinnlicht gleichsam nur das Princip derartiger Vorrichtungen. Wenn man im Großen auf diese Weise arbeitet, erzeugt man die erforderliche Kohlensäure weit billiger durch Verbrennen von Kohle in einem entsprechend construirten Ofen, sammelt die Kohlensäure in einem Gasbehälter, aus welchem sie durch die mit Blüthen gefüllten Kästen getrieben und schließlich wieder in einem zweiten Gasbehälter aufgefangen wird.

Man ist bei Benützung zweier Gasbehälter in der Lage, mit derselben Kohlensäure-Menge oft zu arbeiten und braucht nur soviel Kohlensäure zu ersetzen als durch den unvermeidlichen Verlust bei der Arbeit in Abgang kommt. Obwohl die Absorption unter Anwendung von Kohlensäure etwas kostspieliger zu stehen kommt, als bei Benützung von atmosphärischer Luft, so ist sie dieser dennoch weit vorzuziehen, indem man die Oele ganz unverändert und demnach mit der vollen Schönheit ihres Duftes gewinnt.

Nebst dem Extractions-Verfahren liefert die Absorptionsmethode die ätherischen Oele am schönsten und sollte für feine ätherische Oele keine andere in Anwendung kommen. Die geringen Anlagekosten, welche diese Verfahren der Destillation gegenüber verursachen, werden reichlich durch den erhöhten Werth der Producte aufgewogen.

XV.

Die Darstellung der ätherischen Oele unter Anwendung von erwärmter Luft.

Es wurde schon hervorgehoben, daß sich der Anwendung von erhitzter Luft zum Zwecke der Verdampfung von ätherischen Oelen aus Pflanzenstoffen erhebliche Hindernisse entgegen setzen, deren wichtigstes darin besteht, daß die äußeren Schichten der Pflanzentheile rasch austrocknen und hierdurch der Verdampfung des ätherischen Oeles ein Hinderniß bereiten.

Wir haben seit längerer Zeit Versuche angestellt, die Gewinnung der ätherischen Oele mittelst erhitzter Luft auf die Weise zu leiten, daß man zu einem entsprechenden Resultate gelangt. Wir haben nun gefunden, daß es nothwendig ist, den Pflanzentheilen (wir haben hier ganz besonders frische Blüthen und Blätter im Auge) beiläufig ebenso viel Wasser zuzuführen, als ihnen durch Verdampfung entzogen wird; die Pflanzentheile welken in dem Luftstrome sehr rasch ab, lassen aber das in ihnen enthaltene ätherische Oel schnell verdampfen, da diese Oberfläche fortwährend weich bleibt.

Der Apparat, welchen wir zur Gewinnung der ätherischen Oele mittelst erwärmter Luft anwenden, besteht in Folgendem: In einem Kessel, der in einen Herd eingemauert ist, liegt ein metallenes Schlangenrohr, welches mit einer kleinen Pumpe derart in Verbindung steht, daß durch das Rohr ein Luftstrom gepreßt werden kann. Der Kessel ist mit Wasser gefüllt; die durch das Schlangenrohr getriebene Luft wird durch das in dem Kessel siedende Wasser auf 60 bis 70 Grade erhitzt, tritt sodann in ein Blechgefäß, in welchem einige Badeschwämme liegen, die durch auftropfendes Wasser beständig feucht erhalten werden und gelangt sodann in die mit Blüthen oder Blättern gefüllten Kästen.

Auf seinem Wege durch den mit feuchten Schwämmen gefüllten Kasten nimmt der Luftstrom soviel Wasserdampf auf, als er überhaupt aufzunehmen vermag, beim Durchgang durch die Pflanzentheile wird kein Wasserdampf, wohl aber ätherisches Oel aufgenommen. Man wird finden, daß wenige Minuten nach dem Beginn der Operation der aus den Blüthen austretende Luftstrom noch immer eine Temperatur von etwa 40 Graden besitzt. Bei diesem Wärmegrade sind aber die ätherischen Oele schon bedeutend flüchtiger als bei gewöhnlicher Temperatur, und wird hierdurch die Absorptionsdauer bedeutend abgekürzt.

Der mit Wasserdampf und Dampf von ätherischem Oel beladene Luftstrom wird durch ein Gefäß geleitet, das Schwefelkohlenstoff oder Petroleumäther enthält, welche

Flüssigkeiten die Oele zurückhalten. Da aber diese Flüssigkeiten einen sehr niederen Siedepunkt haben, so muß man die Flasche, in welchen sie enthalten sind, mit dem unteren Ende einer Kühlschlange verbinden, damit die entweichenden Dämpfe wieder in die Flasche zurückfließen.

Der wesentlichste Vortheil in der Anwendung von erwärmter Luft bei der Absorptions-Methode liegt darin, daß die Arbeitsdauer hierdurch ungemein abgekürzt wird und binnen einigen Stunden das ätherische Oel aus den Blüthen ganz rein gewonnen werden kann, was für jene Fabrikanten, die sich mit der Gewinnung von Riechstoffen aus frischen Blüthen im großen Maßstabe befassen, gewiß ein nicht zu unterschätzender Vortheil ist, da das so leicht vergängliche Rohmateriale der frischen Blüthen nur während eines sehr beschränkten Zeitraumes zur Verfügung steht.

Bei manchen ätherischen Oelen, welche nur in sehr geringen Mengen in den betreffenden Pflanzen vorkommen, aber durch Destillation nicht leiden, kann man das Oel durch folgenden Kunstgriff gewinnen. Man destillirt die Pflanze mit Wasser und erhält dann kein ätherisches Oel für sich, wohl aber ein durch dasselbe aromatisirtes Wasser. Dieses schüttelt man mit rectificirtem Benzol, welches dem Wasser das ätherische Oel ziemlich vollkommen entzieht, so daß man eine Lösung des Oeles in Benzol erhält, die man vorsichtig abdestillirt und das zurückbleibende Oel durch Ausblasen — am besten mittelst Kohlensäure reinigt.

XVI.

Darstellung jener ätherischen Oele, welche sich in den Pflanzenstoffen nicht fertig gebildet vorfinden.

Es giebt mehrere ätherische Oele, welche nicht fertig gebildet in den Pflanzenstoffen vorkommen, sondern erst aus gewissen Verbindungen, welche diesen Pflanzenstoffen eigen sind, entstehen. Die Erscheinungen, welche hierbei vor sich gehen, sind bei weitem noch nicht genügend aufgeklärt; manche Chemiker zählen sie unter die sogenannten Spaltungsvorgänge, während andere sie den eigentlichen Gährungsprocessen anreihen; für den Praktiker genügt die Thatsache, daß sich das ätherische Oel erst aus gewissen Stoffen zu bilden vermag.

Die bitteren Mandeln und der schwarze Senf geben Beispiele derartiger Körper. Im trockenen Zustande vollkommen geruchlos, nehmen sie beim Zusammenbringen mit warmem Wasser in kurzer Zeit den charakteristischen Geruch nach Bittermandel- oder Senföl an, das in den Mandeln, respective im Senf enthaltene Amygdalin respective Myrosin haben Bittermandel- oder Senföl gebildet.

Bis jetzt ist es nur bei sehr wenigen Körpern aus der Reihe der Riechstoffe gelungen, sie künstlich darzustellen, doch ist dies bei einigen der Fall, wie z. B. der salicyligen Säure, welche sowohl in der Natur vorkommt, als auch durch chemische Processe gebildet werden kann.

Es sei hier bemerkt, daß manche Oele durch oftmaliges Rectificiren ihren Geruch sehr wesentlich ändern, wie man dies z. B. an Terpentinöl beobachten kann. Es ist nicht unwahrscheinlich, daß hierbei auch tiefgreifende chemische Veränderungen vor sich gehen, die man aber bis zur Gegenwart noch nicht näher studirt hat; die percentische Zusammensetzung des ätherischen Oeles bleibt immer dieselbe.

Die ätherischen Oele, nach welchem Verfahren sie auch dargestellt werden mögen, sind gewöhnlich noch nicht rein, können aber durch Rectification gereinigt werden. Da die Rectification meistens eine Einbuße an Wohlgeruch bei den Oelen zur Folge hat, so wird sie von vielen Fabrikanten namentlich von solchen, welche sich mit der Herstellung feiner Oele befassen, mit Recht häufig unterlassen.

Obwohl manche ätherischen Oele ganz charakteristische Farben haben, wie das echte Zimmtöl, rothgelb das Rosenöl und Wermuthöl grün, das Camillenöl blau, so gelingt es doch, durch wiederholte Rectification dieser Oele mit einem bedeutenden Ueberschuß eines anderen ätherischen Oeles, z. B. von Terpentinöl, den Farbstoff fast vollständig zurückzuhalten und die Oele nahezu farblos zu gewinnen. Für die Praxis hat diese Thatsache keinen Werth, da die ätherischen Oele sowohl in der Parfumerie als auch in der Liqueurfabrikation immer in so außerordentlich verdünnten Lösungen angewendet werden, daß die Farbe des Oeles vollständig verschwindet.

Es sei hier überhaupt bemerkt, daß es im Interesse jedes Fabrikanten ätherischer Oele liegt, an seinen Producten so wenig als möglich herumzukünsteln, indem dies immer auf Kosten des Wohlgeruches geschieht, welcher eben jene Eigenschaft ist, die den Werth eines ätherischen Oeles bedingt. Es genüge dem Fabrikanten, sein Oel nach einer der vorbeschriebenen Methoden darzustellen, dasselbe wenn erforderlich, einmal zu rectificiren und dann vor Licht und Luft geschützt aufzubewahren.

Die Aufbewahrung der ätherischen Oele.

Die Aufbewahrung der ätherischen Oele ist ein so wichtiger Factor, daß wir einige Worte über dieselbe anführen müssen. Es wurde schon auseinander gesetzt, daß Luft und Licht, ja selbst eines dieser Agentien allein im Stande sind, derart auf die ätherischen Oele zu wirken, daß sie ihren Wohlgeruch vollkommen verlieren. Wir besitzen selbst einige Flaschen, welche mit dem feinsten englischen Lavendelöl gefüllt sind und durch mehrere Jahre absichtlich nur lose verkorkt stehen gelassen wurden. Das Oel in sämmtlichen Flaschen, gleichgiltig ob sie im Dunkeln oder im Lichte aufbewahrt wurden, hat seinen ursprünglich ungemein lieblichen Geruch gänzlich verloren und dafür einen schwachen Geruch angenommen, welcher jenem des Terpentinöles sehr ähnlich ist.

Bei anderen ätherischen Oelen, welche noch subtilerer Natur sind als das Lavendelöl, vollzieht sich dieser Umänderungsproceß in noch weit kürzerer Zeit und entwerthet das Product vollkommen. Die Umwandlungen, die hierbei in der chemischen Beschaffenheit der Oele vor sich gehen, sind uns bis zur Gegenwart noch wenig bekannt; dem Praktiker genügt es, daß sie thatsächlich stattfinden, um ihn zur Ergreifung aller Schutzmittel gegen dieselben zu veranlassen.

Jedes ätherische Oel soll sofort nach seiner Reindarstellung in dickwandige Flaschen gefüllt werden, die einen sehr sorgfältig eingeschliffenen Glasstöpsel besitzen. Der besteingeschliffene Glasstöpsel schützt aber nicht gegen die Veränderungen des Luftdruckes, — wenn auch in beschränktem Maße, findet dennoch ein Eintreten und Austreten der Luft zwischen Stöpsel und Flaschenwand statt. Um nun auch dies einzuschränken, benützen wir Kappen aus vulcanisirtem

Kautschuk, welche über die Stöpsel und den Hals der mit ätherischem Oele gefüllten Flaschen gezogen werden, und bei jenen Flaschen, die zum Versandt bestimmt sind, noch mit Bindfaden festgeschnürt werden. Jede Flasche steht in einem entweder aus Holz gedrehten, oder aus Pappe angefertigten Behältnisse, welches nebst dem Schutze vor der Einwirkung des Lichtes auch gegen das Zerbrechen schützt.

Wenn man ätherisches Oel aus einer Flasche entnehmen will, so soll dies nicht durch Ausgießen bewerkstelligt werden, da hierdurch der Flaschenrand mit Oel benetzt wird, welches verharzt und verloren ist. Wir benützen zum Ausheben ätherischer Oele eine einfache Saugpipette, die aber eine solche Einrichtung hat, daß man mittelst derselben leicht jedes beliebige Oelquantum aus der Flasche ausheben kann. Figur 20 versinnlicht die Einrichtung, welche wir diesem Instrumente gegeben haben.

Fig. 20.

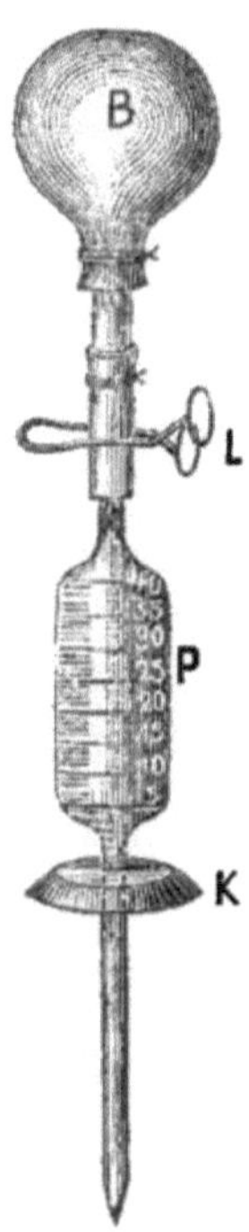

Dieselbe besteht aus einer Pipette P, welche in Cubik-Centimeter getheilt ist; nach unten läuft das graduirte Gefäß der Pipette in ein längeres Glasrohr aus, welches zu einer feinen Spitze ausgezogen ist. Dieses Rohr geht mit starker Reibung durch eine flache Korkscheibe K. Auf das obere Ende der Pipette ist ein Röhrchen aus vulcanisirtem Kautschuk aufgeschoben, welches durch einen metallenen Quetschhahn L luftdicht geschlossen wird. In dieses Kautschukrohr ist ein kurzes Stück einer Glasröhre eingebunden, welches oben einen dickwandigen Ball B aus Kautschuk trägt.

Um mittelst dieser Vorrichtung ein bestimmtes Quantum

von ätherischem Oel aus einer Flasche zu entnehmen, öffnet man mit einer Hand den Quetschhahn durch Zusammendrücken der an den Haken desselben angebrachten Plättchen und preßt mit der andern Hand den Kautschukball auf eine Tischplatte, so daß die in ihm enthaltene Luft ausgetrieben wird; läßt sodann den Quetschhahn los, welcher sich von selbst schließt und das Eindringen der Luft in den Kautschukball verhindert. Man setzt sodann die Pipette mit der Korkscheibe auf den Hals der Flasche mit ätherischem Oel, drückt die Pipette so weit hinab, daß das ausgezogene Ende in das Oel eintaucht und öffnet vorsichtig den Quetschhahn. Durch seine Elasticität sucht der zusammengedrückte Kautschukball seine ursprüngliche Gestalt wieder anzunehmen, und saugt, während er sich ausdehnt, Luft aus der Pipette ein. Der äußere Luftdruck macht nun das ätherische Oel in die Pipette aufsteigen. Sobald dasselbe bis zur gewünschten Höhe gestiegen ist, läßt man die Plättchen des Quetschhahnes frei, wodurch die Verbindung mit dem Kautschukball aufgehoben wird und das Aufsteigen des ätherischen Oeles sofort aufhört. Man hebt die Pipette aus der Flasche, zieht sie von dem Kautschukrohre ab, läßt das Oel in das betreffende Gefäß fließen und spült den an den Wänden der Pipette haftenden Rest des Oeles durch Eingießen von starkem Weingeist nach.

Wer oft mit ätherischen Oelen zu manipuliren hat, wie Liqueurfabrikanten und Parfumeure, wird das Abmessen der ätherischen Oele, das mittelst dieser Vorrichtung mit der größten Schärfe bewerkstelligt werden kann, gewiß dem zeitraubenden Abwägen derselben vorziehen.

XVII.

Die Ausbeute an ätherischen Oelen.

Die große Verschiedenheit der Pflanzenstoffe, aus welchen überhaupt ätherische Oele dargestellt werden können, bedingt schon an sich eine sehr bedeutende Verschiedenheit in Bezug auf die Quantitäten an ätherischem Oel, die man aus ihnen gewinnen kann. Wenn man z. B. die Quantitäten Oeles, welche frische Gewürznelken, Macis oder Muscatnüsse enthalten, mit jenen vergleicht, die in der Zimmtrinde oder in der Vetiverwurzel vorkommen, so ergiebt sich schon eine sehr große Differenz; Gewürznelken geben z. B. bis zu 18 Percent an ätherischem Oel, während die beste Zimmtrinde kaum mehr als 1 Percent, höchstens 1,8 Percent Oel liefert. Weitaus größer ist aber noch die Differenz an dem Oelgehalte von Blüthen; 100,000 Gewichtstheile frischer Rosen liefern höchstens 8, das gleiche Quantum frischer Veilchen gar nur 4 Gewichtstheile an ätherischem Oele.

Erfahrungsmäßig enthalten frische Pflanzenstoffe mehr ätherisches Oel als welkgewordene oder alte, in denen sich die Mengen derselben durch Verharzung oder Verdampfung verringert hat. Es sei demnach Regel, für jeden Fabrikanten die Pflanzenstoffe so frisch als möglich zu verarbeiten.

Wenn man mit Blüthen zu thun hat, so fällt es oft sehr schwer, eine entsprechende Menge von Blüthen in Arbeit nehmen zu können; man muß warten, bis man das entsprechende Quantum derselben beisammen hat. Um die Blüthen vor der Fäulniß zu schützen, salzt man sie gewöhnlich ein, das heißt, man bringt dieselben in Töpfe, auf deren Boden Salz gestreut ist, preßt eine Schichte von Blüthen fest ein, streut wieder Salz auf dieselben und füllt den Topf allmälig bis nahe zum Rande mit abwechselnden Lagen von Blüthen und Salz. Zum Schlusse gießt man so viel Wasser zu, daß die Blüthen ganz davon überdeckt sind. Hat man eine genügende Menge von Blüthen beisammen, so unterwirft man den Inhalt der Töpfe auf gewöhnliche Weise der Destillation. Bei größeren Blüthen, z. B. Rosen, empfiehlt es sich, die Blumenblätter allein einzusalzen, die Kelche aber zu entfernen, da diese kein ätherisches Oel enthalten.

Kräuter und Blätter kann man ebenfalls einsalzen, zieht es aber meist vor dieselben, wenn man sie nicht sogleich verarbeiten kann, im Schatten bei gewöhnlicher Temperatur auszutrocknen und in mit Papier ausgeklebten Kästen, deren Deckel mittelst Papierstreifen aufgeklebt sind, aufzubewahren. Die Kräuter und Blätter dürfen aber erst verpackt werden, wenn sie vollkommen lufttrocken geworden sind, indem sich sonst an ihnen Schimmel bildet, welcher die Riechstoffe gänzlich zerstört.

Um den Fabrikanten einige Anhaltspunkte über die Mengen an ätherischen Oelen zu geben, welche er überhaupt aus den Pflanzenstoffen gewinnen kann, geben wir im nachfolgenden eine kleine Tabelle, welche die Ausbeute aus je 100 Kilogramm Substanz ersichtlich macht. Ein Blick auf diese Zusammenstellung zeigt die großen Schwankungen, welche der Oelgehalt selbst bei einer und derselben Pflanze aufweist; es ist die größere Menge stets aus frischen Pflanzenstoffen erster Qualität erhalten worden, während die kleinere Zahl jenen Mengen entspricht, die man aus alten

Rohmaterialien gewinnt. Getrocknete Pflanzenstoffe geben eine anscheinend größere Ausbeute, weil ein großer Theil des Wassers, welches sie enthielten, beim Austrocknen verdampft wurde.

Hundert Kilogramm:	ergeben ätherisches Oel Gramme:
Anissamen (gereinigt ohne Spreu) . .	1600 bis 2000
Anisspreu	666 „ —
Baldrian (Valeriana officinalis) . .	1000 „ 2000
Bergamotten-Früchte (100 Stück) . .	100 „ —
Bittermandelkleie	800 „ 900
Brunnenkresse (Nasturtium officinalis)	5 „ 6
Calmuswurzel	1000 —
Camillenöl (Matricaria camomilla), trockene Blumen	50 —
Cardamomen	1600 „ 2000
Cassia (Zimmt-Cassia)	800 —
Cederholz (Juniperus virginiana) . .	1800 „ 1900
Cubeben (Piper Cubeba)	8000 „ 15000(?)
Dosten (Origanum vulgare)	500 „ 760
Fenchel (Kraut und Samen)	3000 „ 4000
Geraniumkraut	100 „ 130
Hopfen { frische Blüthen	800 —
Hopfen { Hopfenmehl	2000 —
Knoblauch (Zwiebeln)	200 „ 250
Kümmelsamen (gereinigt ohne Spreu)	4000 „ 4500
Kümmelspreu	4000 —
Kümmel (römischer)	2800 „ 3200
Lavendelkraut	1800 „ 2100
Lepidiumkraut	90 „ 120
Lorbeerblätter	700 „ 850
Macisblüthe	5500 „ 6000

Hundert Kilogramm:	ergeben ätherisches Oel Gramme:
Mandeln, bittere	220 „ 240
Majoran (frisches Kraut)	90 „ 100
„ (trockenes Kraut)	400 „ 500
Melissenkraut, frisches	30 „ 50
Münze, Krausemünze (trocken)	1300 —
Muscatnüsse	3000 „ 6000
Myrrhe	500 „ 550
Myrthenblätter	250 „ 300
Nelkengewürz	16000 „ 18000
Orangenschalen	300 „ 350
Patschulikraut	1600 „ 1750
Pfeffermünzkraut, frisch	700 „ 720
„ trocken	2100 „ 2800
Piment	5500 „ 10000
Rosenblüthen-Blätter	5 „ 8
Rosengeraniumkraut	50 „ 60
Rosenholz	1800 „ 3000
Rosmarinkraut	1500 „ 1600
Santalholz	1200 „ 3500
Tropaeolumkraut	25 „ 30
Thymiankraut (trocken)	80 „ 120
Tonka-Bohnen (Cumarin)	1200 „ 1400
Veilchen-Blüthen	3 „ 4
Vetiver-Wurzel	450 „ 480
Wermuthkraut	300 „ 350
Zimmtrinde	450 „ 1800

Zweiter Theil.

XVIII.

Beschreibung der ätherischen Oele in Bezug auf ihre Gewinnung und ihre besonderen Eigenschaften.

Es wurde schon erwähnt, daß man eine gruppenweise Eintheilung der ätherischen Oele auf die Weise vornehmen kann, daß man sie in sauerstofffreie, in sauerstoffhältige und in schwefelhältige trennt. Es ist dies aber eine Eintheilung, welche in jeder Beziehung wenig Werth besitzt und namentlich für den Chemiker ganz werthlos ist, denn wir finden unter jenen Körpern, welche nach dieser Eintheilung in eine Gruppe kommen würden, Verbindungen, welche in chemischer Beziehung sehr weit von einander abstehen und zum Theil in die Gruppe der Alkohole, der indifferenten Körper, der Säuren u. s. w. gehören.

Wir haben es daher vorgezogen, in dem vorliegenden Werke von jedem Versuche einer Classification bezüglich der chemischen Zusammensetzung der ätherischen Oele abzusehen und dieselben einfach in alphabetischer Ordnung aufzuzählen. Bei dieser Aufzählung haben wir besonders jene Eigenschaften hervorgehoben, welche für die bestimmten Oele als charakteristische anzunehmen sind, indem wir in diesem Theile des Werkes beabsichtigt haben, für Producenten und Händler mit ätherischen Oelen ganz besonders jene Kennzeichen hervorzuheben, welche geeignet erscheinen, die Güte und Reinheit der Oele zu beurtheilen.

1. Acacienöl.

Die Acacienart Acacia farnesiana, welche in den Ländern um das Mittelmeer gedeiht und in Süd-Frankreich und längs der Riviera di Genova in eigenen Pflanzungen gezogen wird, liefert in ihren Blüthen das Materiale zur Gewinnung eines dickflüssigen, grünlich-gelben Oeles, das seine Farbe wahrscheinlich einer Verunreinigung verdankt. Das Oel, welches sowohl durch Extraction als auch durch Absorption dargestellt wird, bildet als solches keinen Handelsgegenstand, da die Pflanzungen, welche die Blüthen liefern, so wie die Fabriken, in denen das Oel dargestellt wird, fast ausschließlich in den Händen von Parfumeuren sind, welche zwar Producte verkaufen, die mit diesem außerordentlich lieblich riechenden Oele dargestellt wurden, aber das reine Oel selbst nicht auf den Markt bringen. Das grün gefärbte Extrait d'acacia ist eine Lösung des Oeles in Alkohol.

2. Anisöl (Oleum anisi).

Die Pflanzenfamilie der Umbelliferen oder Schirmpflanzen, denen auch die Anispflanze (Pimpinella anisum) angehört, zeichnet sich durch einen großen Reichthum an ätherischem Oele aus, indem nicht nur die Samen, sondern meist die ganze Pflanze Oel enthält. Das Anisöl ist vollkommen farblos, wenn es frisch bereitet wird; beim Aufbewahren dunkelt es häufig sehr stark nach und verliert an

Lieblichkeit des Geruches. — Der Geschmack des Anisöles ist selbst in ziemlich verdünnten Lösungen noch deutlich süß und auf die Zunge brennend.

Charakteristisch und allgemein als ein Zeichen der Güte ist der hochliegende Erstarrungspunkt jedes Anisöles. Es giebt Sorten, welche schon bei 20 Graden theilweise fest werden, während andere erst bei 6 Graden erstarren. Die Ursache dieser Erscheinung rührt davon her, daß das Anisöl aus zwei gleich zusammengesetzten Oelen, von denen eines flüssig, das andere fest ist, besteht.

Das feste Anisöl riecht feiner als das flüssige und ist aus diesem Grunde leicht erstarrendes Anisöl das geschätztere; das aus Anisspreu bereitete Oel ist reicher an dem festen Bestandtheil als das aus Samen bereitete.

Als ein Gemenge verschiedener Stoffe, die in wechselnden Mengen vorhanden sind, zeigt das Anisöl, je nachdem der feste oder flüssige Bestandtheil vorwaltet, bedeutende Schwankungen in Bezug auf seinen Erstarrungs- und Siedepunkt, sowie auf sein specifisches Gewicht (seine Dichte). Es sind dies aber gerade Factoren, welche bei ätherischen Oelen für die Prüfung auf die Reinheit von großer Wichtigkeit sind; in dem vorliegenden Falle müssen wir uns damit begnügen, die äußersten diesbezüglichen Grenzwerthe anzugeben. Der größeren Uebersichtlichkeit wegen haben wir die betreffenden Daten für die wichtigsten ätherischen Oele zusammengestellt und lassen sie am Schlusse dieses Absatzes folgen.

Der Anis wird in manchen Gegenden im Großen gebaut; im Handel ist das aus Süd-Rußland stammende Product besonders geschätzt. (Allasch ist russischer Anisliqueur.) Die Hauptanwendung des Anisöles geschieht in der Liqueurfabrikation; in der Parfumerie spielt es eine mehr untergeordnete Rolle.

3. Baldrianöl (Oleum valerianae).

Die Wurzel des gemeinen Baldrians, Valeriana officinalis, liefert ein grünliches Oel, welches beim Lagern braun wird und aus einem Gemenge mehrerer Verbindungen besteht. Der Geruch des reinen Oeles hat einige Aehnlichkeit mit jenem des Terpentinöles; unreines Oel besitzt durch beigemengte Valeriansäure einen käseartigen Geruch. Bis jetzt hat dieses Oel nur beschränkte Anwendung als Arzneimittel gefunden.

4. Bergamotteöl.

Die Früchte von Citrus Bergamium, die sogenannten Bergamottebirnen, enthalten in ihren Schalen ein angenehm riechendes ätherisches Oel, welches man dadurch darstellt, daß man die Früchte in einem Blechtrichter, der innen mit Zähnen wie ein Reibeisen besetzt ist, reibt, damit die in der Schale enthaltenen Oelbehälter zerrissen werden; das abfließende Oel wird mittelst des Scheidetrichters von der wässerigen Flüssigkeit und den mitgerissenen Zellmassen getrennt, oder im Kohlensäurestrome destillirt. Das Bergamotteöl ist von hellgrüner oder gelblicher Färbung, die aber bei älterer Waare stark nachdunkelt. Beim Aufbewahren des Bergamotteöles ist die größte Vorsicht bezüglich des Abschlusses von Licht und Luft erforderlich, da dieses Oel zu den veränderlichsten gehört und bald einen wenig angenehmen, dem Terpentin ähnlichen Geruch annimmt.

Beim Bergamotteöl sieht man deutlich, daß die Bezeichnung sauerstofffreie und sauerstoffhältige Oele nur eine sehr unsichere ist, indem dieses Oel aus einem Gemenge mehrerer theils sauerstofffreier, theils sauerstoffhältiger Oele besteht. Im Handel kommen mehrere Sorten von Bergamotteöl vor, welche aber theilweise gar nicht von den Bergamotten, sondern aus den Früchten anderer Bäume aus der Familie Citrus herstammen. Am geschätztesten ist das Messineser-Bergamotteöl, minder das portugiesische.

5. Bittermandelöl (Oleum amygdal. amar.).

Das Bittermandelöl gehört zu denjenigen ätherischen Oelen, welche nicht fertig in der Natur vorkommen, sondern erst in Folge eines eigenthümlichen Zerfalles gewisser Verbindungen entstehen. Die bitteren Mandeln, welche von dem gemeinen Mandelbaum (Amygdalus communis) herstammen, enthalten nebst einer großen Menge von fettem Oele eine Verbindung, welche man als Amygdalin (Mandelstoff) bezeichnet, und eine andere, die man Emulsin benannt hat.

Wenn man bittere Mandeln zerstößt und den Brei mit Wasser anrührt, so tritt der Geruch nach bitteren Mandeln alsbald ein; das Emulsin bewirkt (auf eine noch nicht näher erklärte Weise) den Zerfall des Amygdalins in Bittermandelöl, Traubenzucker und Cyanwasserstoff (Blausäure), wobei Wasser aufgenommen wird. Folgende Gleichung giebt ein Bild von dem hier stattfindenden Vorgange.

$$C_{20}H_{27}NO_{11} + 2H_2O =$$
Amygdalin + Wasser =

C_7H_6O Bittermandelöl
$C_6H_{12}O_6$ Traubenzucker
CHN Cyanwasserstoff oder Blausäure.

Bei der Darstellung von Bittermandelöl muß man diesen Fabrikationszweig gleichzeitig mit dem der Bereitung des fetten Mandelöles unter Beobachtung gewisser Vorsichtsmaßregeln vereinigen. Man bringt die zu verarbeitenden Mandeln auf Lager, auf welchen sie durch längere Zeit verbleiben, bis sie recht gut ausgetrocknet sind; man erkennt dies an dem Hartwerden der Mandeln und dem Krachen derselben beim Zerbrechen. Die ganz ausgetrockneten Mandeln werden sodann zu ziemlich feinem Pulver zerstampft und in sehr kräftigen hydraulischen Pressen so viel nur möglich ausgepreßt, wobei man 36 bis 40 Percente fettes Mandelöl gewinnt.

Es ist nicht nur wegen der erhöhten Ausbeute an fettem Oel zu empfehlen, möglichst stark zu pressen, sondern auch darum, weil erfahrungsmäßig das fette Oel die Eigenschaft besitzt, das ätherische mit so großer Kraft zurückzuhalten, daß selbst lange andauerndes Destilliren mit Wasser fettes Oel nicht geruchlos macht. Da beim Abpressen von fetten Oelen durch Anwendung von Wärme eine größere Menge an Oel gewonnen wird, so preßt man auch die bitteren Mandeln in der Wärme; man darf aber hierbei nicht über 50 Grade hinausgehen, da das Emulsin seine Wirkung, aus Amygdalin Bittermandelöl zu bilden, bei etwa 80 Graden verliert und überdies schon bei längerem Erwärmen in der Wirkung geschwächt wird.

Die Umwandlung des Amygdalins in Bittermandelöl muß möglichst vollständig vor sich gehen und erhält man nach folgendem von uns oft erprobtem Verfahren die größtmögliche Ausbeute an ätherischem Oele.

Man bringt den Preßkuchen aus der hydraulischen Presse, nachdem man ihn in kleine Stücke zertheilt hat, in die Destillirblase und übergießt ihn mit Wasser von höchstens

50 Graden Wärme; heißeres Wasser ist unbedingt zu vermeiden, indem sonst hierdurch das Emulsin unwirksam würde. Nach einigen Stunden ist die Umsetzung beendet und man kann sofort zur Destillation des ätherischen Oeles schreiten.

Beim Destilliren des rohen Bittermandelöles verdampft mit dem Oele auch der Cyanwasserstoff oder die Blausäure. Dies ist aber der giftigste Körper, den wir überhaupt kennen; man muß daher ganz besondere Sorge dafür tragen, daß die Destillate vollkommen verdichtet werden und nicht Blausäuredämpfe in den Arbeitsraum gelangen. Da aber die Blausäure einen verhältnißmäßig niederen Siedepunkt besitzt, so ist das vollständige Verdichten eine schwierige Arbeit.

Es ist aber leicht möglich, die Blausäure auf die Weise ganz unschädlich zu machen, daß man das untere Ende des Kühlrohres mittelst eines Korkes luftdicht an eine große Flasche fügt, in der sich ätherisches Oel und Wasser verdichten können; in den Kork ist auch ein Glasrohr eingepaßt, welches direct in eine Feuerung, z. B. die des Dampfkessels führt. Die aus der Flasche unverdichtet entweichenden Blausäuredämpfe gelangen durch dieses Rohr in das Feuer und werden daselbst durch Verbrennung unschädlich gemacht.

Beim Bittermandelöl ist die Destillation mit Hilfe von indirectem Dampf, das heißt von solchem, welcher nicht in die zu destillirende Masse gelangt, ein Gebot der Nothwendigkeit, da das Bittermandelöl im Wasser ziemlich leicht löslich ist und man bei directer Destillation mit Wasser zwar aromatisirtes Wasser aber kein ätherisches Oel als solches erhalten würde.

Das rohe Bittermandelöl, wie es durch Destillation

gewonnen wird, sollte, wegen seines hohen Blausäuregehaltes gar nicht in den Handel gebracht werden dürfen, da schon wenige Tropfen desselben hinreichen, einen Menschen zu tödten. Leider wird gerade das rohe Oel häufig zu pharmaceutischen Zwecken verwendet und wird häufig das Destillat der Kirschlorbeerblätter (Prunus laurocerasus), welches ebenfalls Bittermandelöl und Blausäure enthält, gerade wegen seines Gehaltes an letzterem als Arzneimittel verwendet. Da alle Prunus- und Amygdalusarten Amygdalin enthalten, so erklärt sich hieraus der Gehalt an Bittermandelöl und Blausäure beim echten Maraschino (Pfirsichbranntwein), beim Kirschwasser und Weichselbranntwein.

Man kann das Bittermandelöl durch Schütteln mit Kalk von einem großen Theile der Blausäure befreien; vollkommen frei von Blausäure ist es aber nur durch folgendes Verfahren zu erhalten: Man mischt dem Oele eine Auflösung von Eisen in einem Gemisch aus 5 Salzsäure und 1 Salpetersäure bei, fügt Kalkwasser hinzu und rührt die Flüssigkeiten tüchtig durcheinander. Nach einiger Zeit bringt man das ganze Gemisch in die Destillirblase und rectificirt auf gewöhnliche Art, wodurch man es frei von jeder Spur von Blausäure, demnach auch ganz giftfrei erhält.

Das Bittermandelöl gehört zu den bestgekannten ätherischen Oelen, und ist in chemischer Beziehung Benzoylwasserstoff oder Benzoylaldehyd. Man kann es in der That ganz auf künstlichem Wege darstellen, doch findet dieses Verfahren bis nun in der Praxis keine Anwendung, da die Herstellung des Oeles aus Bittermandeln gegenwärtig noch billiger zu stehen kommt.

Ganz reines Bittermandelöl ist farblos, sehr stark lichtbrechend und von ungemein ausgiebigem Bittermandelgeruch. Durch die Einwirkung der Luft verwandelt es sich allmälig in eine geruch- und farblose Krystallmasse, welche aus Benzoësäure besteht. Licht wirkt auf diese Umsetzung fördernd ein und sollte Bittermandelöl aus diesem Grunde nur in luftdicht geschlossenen Flaschen, welche mit einer ganz undurchsichtigen Hülle versehen sind, aufbewahrt werden.

Das auf künstlichem Wege dargestellte Bittermandelöl unterscheidet sich in nichts von dem aus den Mandeln gewonnenen; man darf aber dieses Product nicht mit dem „künstliches Bittermandelöl" genannten Körper verwechseln, welches eine ganz andere Verbindung ist und nur wegen ihres dem Bittermandelöle ähnlichen Geruches so bezeichnet wurde, der Name dieser Verbindung ist Nitrobenzol; im Handel wird sie auch Mirbanöl oder Mirban-Essenz genannt.

Das Nitrobenzol findet vielfache Anwendung in der Parfumerie und zwar ganz besonders zur Anfertigung von (sogenannten) Bittermandelseifen, welche billig im Preise stehen sollen. Aus diesem Grunde geben wir eine Beschreibung der Darstellung und der Eigenschaften dieser Verbindung.

Das Nitrobenzol

wird erhalten, wenn man Benzol (einem bei der Rectification des Steinkohlentheers in großen Massen gewinnbaren flüssigen Körper) mit Salpetersäure zusammenbringt. Die Darstellung geschieht auf folgende Weise: Man bringt in einen geräumigen Steinzeugtopf, der in einem Gefäße steht, welches kaltes Wasser enthält, einige Kilogramm Benzol und gießt zu demselben rothe rauchende Salpetersäure. Die Einwirkung beginnt sogleich, die Flüssigkeit erwärmt sich sehr stark und entwickelt eine große Menge von erstickend riechenden Dämpfen von Untersalpetersäure und soll daher das Gefäß im Freien stehen. Sobald die Entwickelung der Dämpfe nachläßt, fügt man eine neue Partie von Salpetersäure zu und wiederholt dies so oft, als auf jeden neuen Zusatz eine stürmische Einwirkung stattfindet.

Es ist jedoch zweckmäßig, die Operation sogleich zu unterbrechen, sobald man merkt, daß keine kräftige Gasentwickelung erfolgt. Setzt man dann noch weiter Salpetersäure zu, so wird das eben gebildete Nitrobenzol noch weiter verändert und verwandelt sich theils in eine harzartige Masse, theils in Trinitrophenylsäure (Pikrinsäure). Der ganze Inhalt des Topfes wird in ein geräumiges Gefäß mit Wasser gegossen und mit diesem verrührt; nach einiger Zeit hat sich das Nitrobenzol wieder vom Wasser geschieden, welches nun stark gelb gefärbt erscheint. Man wiederholt das Waschen mit Wasser so oft, bis letzteres nur mehr schwach gelb gefärbt wird und rectificirt sodann das Nitrobenzol, welches bei 213 siedet, wo möglich in gläsernen Gefäßen und stets mit Wasser, da es ohne Wasser der Destillation unterworfen, leicht explodirt. Durch mehrmaliges Rectificiren, besonders wenn man jeden Ueberschuß an Salpetersäure sorgfältig vermieden hat, erhält man das Nitrobenzol vollständig farblos, gewöhnlich ist es blaßgelb gefärbt.

Der Geruch des Nitrobenzols ist, wie erwähnt, jenem des Bittermandelöles sehr ähnlich; bei directer Vergleichung beider Substanzen läßt sich aber der Unterschied leicht herausfinden und besitzt dann der Geruch des Nitrobenzols nur mehr eine geringe, so zu sagen plumpe Aehnlichkeit mit jenem des Bittermandelöles. Das Nitrobenzol ist eine giftig wirkende Verbindung, darf demnach nie zur Bereitung von Liqueuren benützt werden, kann aber recht gut zur Anfertigung billiger Toiletteseifen verwendet werden. In chemischer

Beziehung gehört es zu einer von den ätherischen Oelen ganz verschiedenen Gruppe von Verbindungen.

6. Cajeputöl (Oleum Cajeputi).

Dieses Oel stammt von verschiedenen Myrthengewächsen, welche zu der Gattung Melaleuca gehören, als Melaleuca Cajeputi, M. leucodendron, M. trinerois und anderen, welche in Ostindien, namentlich auf den Gewürzinseln, heimisch sind. Das im Handel vorkommende Cajeputöl wird aus Indien in kupfernen Flaschen zu uns gebracht und ist durch aufgelöstes Kupfer grün gefärbt, wird aber durch Rectification mit Wasser farblos und besitzt dann einen eigenthümlichen, starken Geruch, welcher mit jenem des Rosmarinöles und des Camphers verglichen werden kann. Obwohl über dieses Oel noch sehr wenige Untersuchungen vorliegen, so können wir dasselbe schon jetzt als ein Gemenge sehr verschiedener Stoffe bezeichnen, was die großen Schwankungen, welche wir bezüglich der Dichte und des Siedepunktes desselben wahrnehmen, erklärlich macht.

7. Calmusöl (Oleum Calami).

Dieses für die Parfumerie, wie für die Liqueur-Fabrikation gleich wichtige Oel stammt aus dem Wurzelstocke des bekannten Calmus (Acorus calamus), einer bei uns häufig vorkommenden Sumpfpflanze, aus welchem es durch Destillation abgeschieden werden kann. Das Calmusöl ist dickflüssig, von dunkelgelber oder rothgelber Farbe und muß vor dem Lichte geschützt werden, da es sich sonst stark verdickt und bei Gegenwart von Luft harzig wird. Der Geruch dieses Oeles ist sehr kräftig, sein Geschmack stark brennend.

8. Camillenöl (Oleum camomillae).

Im Droguenhandel kommen zwei Gattungen von Camillenöl vor: grünes und blaues. Das erstere stammt aus den Blüthen der echten oder römischen Camille (Anthemis nobilis), das blaue aber von der gewöhnlichen Camille (Matricaria Chamomilla), die eine unserer gemeinsten Wiesenblumen ist. Dieses ist jenes Oel, welches gewöhnlich in der Liqueur- und Parfum-Fabrikation, sowie in der Arzneikunde angewendet wird.

Das blaue Camillenöl

wird gewöhnlich durch Destillation dargestellt. Bei dieser ist aber die Vorsicht zu gebrauchen, metallene Florentiner-Flaschen anzuwenden, da das Oel an gläsernen Gefäßen sehr stark anhaftet, und das Destillat mit Aether zu behandeln, welcher ein farbloses Oel auflöst. Das auf diese Weise erhaltene reine Oel besitzt eine sehr schöne blaue Färbung und bildet auch beim Erhitzen blaue Dämpfe. Diese charakteristische Färbung verdankt es einem eigenthümlichen blauen Farbestoffe; der Geruch des Oeles ist durchdringend stark und wird erst bei starker Verdünnung jenem der Camillen ähnlich. Beim Aufbewahren im Lichte und gleichzeitiger Gegenwart von Luft wird das Camillenöl grün, später braun und geht endlich in eine dickflüssige bräunliche Masse über.

Das grüne Camillenöl

oder Anthemisöl, aus den römischen Camillen, besitzt einen angenehmen Geruch nach frischen Citronen, wird aber seltener angewendet als das vorgenannte.

9. Der Campher (Camphora).

Jenes Product, welches man mit dem Collectivnamen Campher bezeichnet, zeigt mitunter sehr verschiedene chemische Eigenschaften; im Allgemeinen ist jeder Campher eine farblose, krystallinische Substanz, welche einen starken aromatischen Geruch verbreitet, flüchtig und brennbar ist. Im Handel unterscheidet man zwei Sorten des Camphers, den chinesischen, japanesischen oder Laurineen-Campher und den Borneo-Campher, welche zwei streng von einander unterscheidbare Producte bilden.

Der Laurineen-Campher

ist das ätherische Oel eines in China und Japan heimischen Baumes — daher die Benennung chinesischer oder japanesischer Campher — aus der Familie der Lorbeergewächse, Laureus Camphora, und findet sich in dem Holze desselben bisweilen in deutlichen Krystallen vor. Zum Zwecke der Gewinnung dieses ätherischen Oeles kocht man das Holz des Campherbaumes mit Wasser aus, sammelt die beim Erkalten des Wassers an der Oberfläche erstarrende Masse oder setzt über den Kessel, in welchem das Kochen vorgenommen wird, einen zweiten, der mit Stroh ausgefüttert ist und in welchem sich der Campher verdichtet.

Der auf diese Weise erhaltene Campher ist noch unrein, grau gefärbt; er wird gewöhnlich erst in Europa durch Sublimiren in Glasgefäßen unter Zusatz von Kalk gereinigt und stellt dann krystallinische Massen dar, welche weiß durchscheinend im Aussehen dem Alabaster ähnlich sind und sich wegen ihrer Zähigkeit schwer pulvern lassen. Der Laurineen-Campher gehört zu den sogenannten sauerstoffhältigen ätherischen Oelen und besitzt die Zusammensetzung $C_{10} H_{16} O$.

Der Borneo-Campher,

welcher im europäischen Productenhandel nur selten vorkommt, stammt von dem auf Borneo heimischen Baume Dryobalanops Camphora, in dessen Holz er in krystallisirten Massen ausgeschieden wird.

In seinen Eigenschaften dem Laurineen-Campher sehr ähnlich, unterscheidet sich aber der Borneo-Campher von diesem durch einen viel höheren Preis, indem namentlich die Völker des östlichen Asiens den Borneo-Campher als Arznei sehr hoch schätzen und demzufolge theuer bezahlen.

Die Anwendung des Camphers ist eine ausgedehnte; die Chinesen und Japanesen lieben den Geruch desselben sehr; der eigenthümliche Geruch der aus diesen Ländern stammenden Producte rührt meist von Campher her. In Europa findet der Campher als Arzneimittel, als Mittel zur Conservirung von Naturalien-Sammlungen, sowie zur Fabrikation gewisser Parfumerien und Firnisse eine ausgebreitete Anwendung.

10. Campheröl (Oleum camphorae).

Dieses ätherische Oel stammt von demselben Baume, von welchem der Borneo-Campher herrührt und fließt aus Einschnitten, welche man in junge Stämme macht, als dickflüssige terpentinölartige Masse aus, welche auch dem Terpentine ähnlich riecht; es hat bis nun, in Europa wenigstens, keine nennenswerthe Verwendung gefunden.

11. Cederöl (Oleum cedri),

nicht zu verwechseln mit dem Cedroöle des Handels, unter welchem Namen auch das Citronenöl (eigentlich Oleum citri) in den Handel gebracht wird. Das Cederöl oder Cederholzöl stammt aber auch nicht, wie der Name vermuthen ließe, von der Ceder des Libanon, dem eigentlichen Cederbaume, sondern von einer in Nordamerika heimischen Wachholderart Juniperus virginiana. Das feine, weiche, rothbraune und duftende Holz dieses Baumes dient zum Fassen feiner Bleistifte und zu Cigarrenkistchen. Das Oel wird aus dem feingeraspelten Holze durch Destillation dargestellt und ist bei gewöhnlicher Temperatur meist butterartig oder mindestens sehr dickflüssig, welche Eigenschaft es der Beimengung einer campherähnlichen Verbindung verdankt. Das aus dieser Masse durch Pressen abgeschiedene eigentliche ätherische Cederöl ist farblos, sehr dünnflüssig und erstarrt erst bei sehr großer Kälte, verharzt aber an der Luft ungemein leicht. Der Geruch desselben ist ein sehr angenehmer und wird dieses Oel darum sehr häufig in der Parfumerie verwendet.

12. Citronenöl (Oleum citri).

In der Parfumerie begreift man unter dem Sammelnamen Citronenöle mehrere ätherische Oele, welche zwar alle Gerüche zeigen, die untereinander eine gewisse Aehnlichkeit besitzen, aber von Pflanzen stammen, welche sehr verschieden von einander sind; in der Parfumerie macht man von sämmtlichen häufig Anwendung, da ihnen allen ein eigenthümlich erfrischender Geruch eigen ist.

Das echte Citronenöl stammt aus der Frucht des Citronenbaumes Citrus medica, in deren Schale es sich in so großer Menge vorfindet, daß beim Zusammendrücken der Schale das Oel aus den platzenden Oeldrüsen hervorspritzt und in der Nähe einer Flamme kleine Feuerstrahlen bildet. Man kann das Oel entweder auf ähnliche Weise darstellen, wie das Bergamotteöl, indem man die Schalen der Citronen zerreibt oder dieselben mit Wasser destillirt; letzteres Verfahren liefert mehr und reineres Oel als das erstere.

Das gereinigte Citronenöl ist farblos, von starkem angenehmen Geruch und brennendem Geschmack, aber außerordentlich empfindlich gegen Licht und Luft. Beim Stehen am Lichte wird es gelb; hat gleichzeitig Luft Zutritt, so verwandelt es sich Anfangs in eine durch ihren Ozongehalt stark bleichend wirkende Flüssigkeit, die allmälig einen unangenehmen, dem Terpentinöle ähnlichen Geruch annimmt und schließlich ganz verharzt.

Das Citronenöl kommt im Handel häufig verfälscht vor und zwar meist mit Pomeranzenöl oder auch, obwohl seltener, mit Bergamotteöl. Da wir den Verfälschungen der ätherischen Oele noch einen besonderen Abschnitt dieses Buches widmen müssen, so sei hier nur derselben Erwähnung gethan; die Art der Verfälschungen und die Mittel sie zu erkennen, werden wir später besprechen.

13. Citronellaöl (Oleum citronellae),

kommt aus Indien, namentlich von Point de Galle, in den Handel und stammt von dem sogenannten Citronengrase, Andropogon Schoenanthus, welches auf Ceylon eigens zum Zwecke der Darstellung dieses Oeles cultivirt wird. Es riecht dem Citronenöle ziemlich ähnlich und wird in der Parfumerie vielfach anstatt des echten Citronenöles angewendet.

14. Citronengrasöl

stammt von dem auf Java, Sumatra, sowie auf Ceylon cultivirten Bartgrase, Andropogon nardus, und wird dort in großen Mengen dargestellt. Es ist wasserhell und von bezauberndem Wohlgeruche, der jenem des echten Citronenöles, gleichzeitig aber auch dem des Rosenöles und Rosengeraniumöles ähnlich ist. Die duftende Flüssigkeit, welche von den Türken als Idris Jaghi bezeichnet wird und häufig als „echtes Rosenöl“ nach Europa geht, ist meist nur das Citronengrasöl.

15. Corianderöl (Oleum Coriandri),

stammt von dem Samen der in Italien häufig cultivirten Corianderpflanze, Coriandrum sativum, ist farblos, schmeckt und riecht stark gewürzhaft. Es wird besonders in der Liqueur-Fabrikation und zum Parfumiren von Seifen angewendet.

16. Cubebenöl (Oleum Cubebarum).

Das aus den Früchten einer Pfefferart, Piper Cubeba, in reichlicher Menge darstellbare Oel besteht aus einem festen Campher, dem Cubeben-Campher, und aus dem sehr flüchtigen, eigentlichen ätherischen Cubebenöle. Das Cubebenöl (aus Campher und flüchtigem Oele bestehend) findet vielfache Anwendung in der Liqueur-Fabrikation.

17. Das Cumarin.

Dieser lieblich riechende Körper, welchen man nicht füglich als ätherisches Oel, sondern besser als Riechstoff zu bezeichnen hat, kommt in der Natur sehr häufig vor und verleiht vielen Pflanzen ihren Duft. Der angenehme Geruch des Heues rührt von Cumarin her, der Waldmeister, Asperula odorata, welcher zur Bereitung des Mai-Weines dient, das Ruchgras, Anthoxantum odoratum; die Rinde der Steinweichsel, Prunus Mahaleb; der Honigklee, Melilotus officinalis und vieler anderer bei uns heimischer Pflanzen rührt von Cumarin her. Weit aber werden diese Pflanzen bezüglich ihres Gehaltes an Cumarin von den Samen des Tonkabaumes, Baryosma odorata oder Dipterix odorata, welcher in Guiana heimisch ist, übertroffen.

Diese Samen, die sogenannten Tonkabohnen (Fabae de Tonka) kommen im Handel in zwei Sorten vor; die englischen Tonkabohnen sind klein (2 Cm.) lang, schwarz und matt; die holländischen erreichen bis zu 4 Cm. Länge, sind an der Oberfläche bräunlich und mit einer faltigen Haut überzogen; im Inneren sind die Tonkabohnen weiß oder gelblich und findet man nicht selten in ihnen Krystalle von Cumarin abgelagert.

Das Cumarin wird durch Destillation der gemahlenen oder zerstoßenen Bohnen mit Wasser dargestellt; das Wasser wird in Glasflaschen sich selbst überlassen; im Verlaufe einiger Tage scheidet sich aus demselben Cumarin in Krystallen ab, ein Theil bleibt jedoch gelöst und kann dem Wasser durch Schütteln mit Benzol oder Petroleumäther entzogen und durch Destilliren aus dieser Lösung gewonnen werden.

Einfacher erhält man Cumarin durch mehrmaliges Auskochen der zerstampften Bohnen mit Weingeist, in welchem sich neben Fett und Cumarin noch andere Stoffe, Farbstoffe u. s. w. lösen. Von dem so erhaltenen Extract wird der Weingeist abdestillirt und der Rückstand mit der zehnfachen Menge Wasser gemischt, wodurch Cumarin und Fett aus der Lösung gefällt werden. Man kocht diesen Niederschlag mit heißem Wasser, wodurch das Fett verflüssigt, das Cumarin aber gelöst wird. Die Flüssigkeit wird heiß durch mehrere Schichten von Löschpapier filtrirt, wobei das Fett von dem Papiere zurückgehalten wird, während sich aus der erkaltenden Flüssigkeit Cumarin ausscheidet.

Das Cumarin kann durch Umkrystallisiren aus kochendem Wasser gereinigt werden und stellt dann kleine seidenglänzende Krystalle dar, die sich durch leichte Löslichkeit in heißem Wasser, bitteren Geschmack und äußerst lieblichen Geruch auszeichnen. In Folge der letztgenannten Eigenschaft findet das Cumarin ausgedehnte Anwendung in der Liqueur-Fabrikation und Parfumerie.

18. Dillöl (Oleum anethi).

Das bekannte Küchengewächs Anethum graveolens enthält in seinen Samen ein angenehm riechendes ätherisches Oel, welchem die Pflanze ihre Verwendung verdankt. In der Parfumerie benützt man das aromatische Dillwasser zu Waschmitteln.

19. Das Dragonöl

aus dem Dragonkraut oder Esdragonkraut, Artemisia Dracunculus dargestellt, dient weniger zu Parfumeriezwecken als zum Wohlriechendmachen des Tafelessigs.

20. Das Fenchelöl (Oleum Foeniculi),

wird aus der Fenchelpflanze Foeniculum officinale gewonnen. Es ist in reinem Zustande farblos, von brennend scharfem Geschmack und angenehmem Fenchelgeruch und wird in der Parfumerie zum Parfumiren von Seifen, sowie zu Waschmitteln, besonders aber in der Liqueur-Fabrikation verwendet.

21. Fliederblüthenöl (echtes),

aus den Blüthen von Syringa vulgaris, wird durch Destillation der Blüthen mit Wasser und Entziehen des Riechstoffes mittelst Benzol dargestellt; noch häufiger aber durch die Absorptionsmethode bereitet und dient zu den kostbarsten Parfumerien.

22. Fliederöl (Oleum sambuci),

oft mit dem vorgenannten verwechselt, stammt von den Blüthen des Hollunders Sambucus nigra und wird dadurch gewonnen, daß man ganz frische Blüthen des Hollunders mit Wasser destillirt, in welchem sich das Oel auflöst. Um das Wasser stärker mit dem Oele zu sättigen — die Blüthen des Hollunders enthalten außerordentlich geringe Mengen an Oel — benützt man dieses erste aromatische Wasser neuerdings zur Destillation frischer Blüthen und schüttelt dasselbe mit Petroleumäther, der dem Wasser das Oel entzieht.

Da es schwer hält, größere Quantitäten von aromatischem Wasser mit Petroleumäther genügend zu schütteln, so kann man sich hierzu mit Vortheil einer einfachen mechanischen Vorrichtung bedienen, welche aus einem Blech-Cylinder besteht, der in verticaler Stellung so aufgehängt ist, daß in seiner Mitte eine Axe senkrecht auf die Cylinderaxe durchgeht, um welche sich die ganze Vorrichtung drehen läßt. Durch eine mittelst einer Schraube schließbare Oeffnung wird der Cylinder mit Wasser und Petroleumäther bis zu Dreiviertel gefüllt, verschlossen und langsam gedreht. Die Flüssigkeiten, welche von einer Bodenfläche des Cylinders auf die andere fallen, werden hierdurch innig gemengt und erfolgt die Aufnahme des ätherischen Oeles durch den Petroleumäther in verhältnißmäßig kurzer Zeit und sehr vollständig.

Das reine Fliederblüthenöl ist grünlich- oder gelblich-weiß, krystallinisch und von butterartiger Beschaffenheit, hat einen betäubenden Wohlgeruch und findet in der Parfumerie vielfache Anwendung, gewöhnlich in Verbindung mit anderen ätherischen Oelen.

23. Geraniumöl (Oleum geranii),

auch Palmarosa-Oel, Gingergras-Oel genannt; eines der wichtigsten Oele für Parfumerie-Zwecke. Es stammt aus den Blättern des Rosenblatt-Geraniums, Geranium odoratissimum, welcher in großen Mengen im südlichen Frankreich, in der Türkei, und auch in Indien und Afrika gepflanzt wird. Die aus den heißen Ländern stammenden Oele sind jedoch minder geschätzt, als das französische Product. Durch Destillation mit Wasser erhält man das Oel mit grünlicher, oder bräunlicher Farbe, durch Extraction mit Petroleumäther ganz farblos; übrigens wird im Handel gerade das dunkler gefärbte Oel dem wasserklaren vorgezogen.

Das Geraniumöl zeigt einen sehr angenehmen Geruch, welcher jenem der Rosen sehr ähnlich ist und wird aus diesem Grunde Rosenöl sehr häufig mit Geraniumöl verfälscht, ja sogar letzteres unter der Bezeichnung Rosenöl verkauft. Uebrigens bietet gerade dieses Oel gute Gelegenheit, die fast unglaublichen Fälschungen, die mit ätherischen Oelen getrieben werden, zu studiren; das Geraniumöl wird seinerseits wieder mit Citronengrasöl verfälscht, so daß man nicht selten in einem sogenannten Rosenöle alle drei der vorgenannten Oele, Rosen-, Geranium- und Citronengrasöl, antrifft.

24. Hopfenöl (Oleum Lupuli).

Dieses Oel, welches zwar keine Anwendung in der Parfumerie findet, erlangt eine immer größere technische Wichtigkeit und zwar für die Zwecke der Bierbrauerei, in dem es vielfältig dazu benützt wird, dem Biere sein bekanntes

Aroma, sowie auch Haltbarkeit zu geben. In manchen Brauereien, namentlich in solchen, welche mittelst Malzextract arbeiten, findet das Hopfenöl bedeutende Anwendung.

Der Hopfen, Humulus lupulus, ist bekanntlich eine sogenannte zweihäusige Pflanze, das heißt, auf gewissen Pflanzen kommen nur Staubblüthen, auf andern nur Stempelblüthen vor. Letztere bestehen aus kleinen lockeren und häutigen Zapfen von grünlicher Farbe, unter deren Blättern sich in gelbes Pulver, das Hopfenmehl vorfindet. Obwohl auch die Blätter Hopfenöl enthalten, so sind doch die Stempelblüthen daran am reichsten.

Man stellt das Hopfenöl entweder durch Destillation mit Wasser, oder besser mittelst directen Dampf dar; im reinen Zustande ist es schwach gelblich gefärbt, schmeckt brennend scharf und riecht betäubend nach Hopfen. Im Wasser ist es so weit löslich, daß dieses darnach schmeckt und riecht; weit leichter löslich ist es jedoch in alkoholhaltigen Flüssigkeiten, wie das Bier eine solche ist. Obwohl alle ätherischen Oele, wie es scheint, die Eigenschaft besitzen, auf Gährungsvorgänge hemmend einzuwirken, so kommt diese dem Hopfenöle in besonders hohem Grade zu, daher seine Anwendung in der Brauerei.

25. Heliotropium-Oel.

Die sogenannte falsche Vanille unserer Gärten, ein kleiner violett blühender Strauch mit herrlichem Dufte, die peruanische Sonnenwende, Heliotropium peruvianum, enthält in ihren Blüthen ein Oel, welches früher ausschließlich durch das Absorptions-Verfahren gewonnen wurde, das aber nach unseren Erfahrungen in ebenso guter Qualität mittelst Extraction unter Anwendung von Petroleumäther dargestellt werden kann. Es findet dieses Oel namentlich wegen seines herrlichen Duftes in der Parfumerie Anwendung zur Bereitung von Pomaden und Essenzen.

26. Ingweröl.

Die in Ostindien heimische Gewürzpflanze der Ingwer Zingiber officinalis enthält in ihrem Wurzelstocke (Ingwerknollen des Handels) eine bedeutende Menge eines röthlichgelb gefärbten Oeles von starkem Geruche und feurig brennendem Geschmack; man verwendet es in geringen Mengen als Zusatz zu gewissen Liqueuren.

27. Jasminöl (echtes).

Das echte Jasminöl stammt von dem in wärmeren Ländern heimischen, in Südfrankreich und längs der Riviera cultivirten Jasmin und darf nicht mit dem Oele des Pfeifenstrauches verwechselt werden, welcher als deutscher Jasmin benannt wird. Das echte Jasminöl wird ausschließlich durch das Absorptions-Verfahren gewonnen und zu den feinsten Parfumerien verwendet. Im Handel ist es so gut wie gar nicht zu haben; die sogenannte Essence de jasmin der französischen Fabriken ist eine Lösung des Oeles in starkem Weingeist, wie sie durch Extrahiren des Fettes gewonnen wird, das den Riechstoff absorbirte.

28. Kirschlorbeeröl (Oleum lauroceras).

Der Kirschlorbeer, Prunus laurocerasus, enthält, wie schon erwähnt wurde, in seinen Blättern Amygdalin; das wässerige Destillat derselben enthält ein Oel, welches mit dem der Bittermandeln identisch ist, wird aber nicht wegen seines Gehaltes an diesem Stoffe, sondern wegen seines Blausäure-Gehaltes in den Apotheken benützt.

29. Knoblauchöl.

Dieses Oel, welches besonders dadurch interessant ist, daß es schwefelhaltig ist, kommt in der Natur in mehreren

Pflanzen vor, deren eigenthümlichen Geruch es bedingt; namentlich findet es sich häufig in den Alliumarten, so in der Küchenzwiebel und in besonders großen Mengen im Knoblauche. Es entsteht aber auch durch chemische Processe, welche gewisse Aehnlichkeit mit den bei der Bildung von Bittermandelöl haben, wenn man die Samen des Rettigs, des Hirtentäschchens und anderer Pflanzen mit Wasser einige Zeit in Berührung läßt und dann destillirt.

Am einfachsten erhält man dieses Oel durch Destillation der Zwiebeln des Knoblauches mit Wasser in Form eines braunen Oeles, welches schwerer als Wasser ist und den penetrantesten Knoblauch-Geruch besitzt. Seiner chemischen Beschaffenheit nach ist das Knoblauchöl Schwefelallyl $(C_3 H_5)_2$ S.

30. Kümmelöl (Oleum Carvi).

Samen und Spreu der bekannten aromatischen Pflanze Carum Carvi geben ein farbloses, brennend schmeckendes und sehr kräftig riechendes Oel; das aus den Samen bereitete riecht jedoch ungleich feiner als das aus der Spreu destillirte. Altes Kümmelöl ist gelb und von saurer Reaction; im Handel kommt Kümmelöl häufig gefälscht und zwar mit Terpentinöl gemischt vor. Dieses Oel wird in sehr bedeutenden Mengen — besonders geschätzt ist das römische Kümmelöl — in der Liqueurfabrikation, verwendet, findet aber auch in der Seifenfabrikation zum Parfumiren billiger Toilette-Seifen Anwendung.

Das römische Kümmelöl (Oleum cymini).

Der römische Kümmel, Cuminum Cyminum, giebt ein goldgelbes Oel von würzigem Geschmack und einem Geruche, der von dem des gemeinen Kümmelöles abweichen ist. Beim Stehen an der Luft geht dieses Oel rasch in einen saueren Körper, in Cuminsäure über.

31. Lavendelöl (Oleum lavandulae).

Als Lavendelöl kommen im Handel mehrere Sorten von Oelen vor, welche aber in Bezug auf Wohlgeruch und demnach auch im Preise sehr verschieden sind. Man unterscheidet echtes Lavendelöl und bei diesem wieder englisches und französisches Oel (Lavande des alpes) und das sogenannte Spiklavendelöl.

Das echte Lavendelöl (Oleum lavandulae vera) stammt von dem Gartenlavendel Lavandula vera und L. angustifolia, welche man im südlichen Frankreich, besonders aber in England in großen Mengen anbaut. Das englische Lavendelöl ist die am höchsten geschätzte und wird vier- bis fünfmal höher bezahlt, als die beste französische Waare. Am theuersten wird das aus den vom Kraute getrennten Blüthen erhaltene Oel bezahlt.

Das Lavendelöl gehört zu jenen ätherischen Oelen, welche eine große Empfindlichkeit gegen Licht und Luft besitzen; altes Lavendelöl verliert seinen Duft vollständig und ist in seinem Geruche kaum von rectificirtem Terpentinöl zu unterscheiden. Das Lavendelöl wird nicht nur für sich zu den feinsten Parfumerien als Essenzen und hochfeiner Seifen, sondern auch in Wasser gelöst, als aromatisches Lavendelwasser als beliebtes Mundwasser verwendet.

Das Spiklavendelöl (Oleum lavandulae), aus dem Spiklavendel Lavandula spica destillirt, riecht für sich allein ganz gut, aber mit feinem englischen echtem Lavendelöle verglichen, geradezu ordinär und steht auch kaum ein Zehntel so hoch im Preise als dieses.

32. Limon- und Limetteöl. (Oleum limoni).

Aus den Schalen verschiedener Citrusarten, besonders aus jenen der Limone (Citrus Limonum) und der Limette (Citrus Limetta) gewinnt man ätherische Oele, welche mit dem Oele der echten Citrone große Uebereinstimmung bezüglich des Geruches als auch der übrigen Eigenschaften haben und auch darin dem echten Citronenöle gleichen, daß sie wie dies leicht an Feinheit des Geruches durch Berührung mit Luft einbüßen. Wir halten es für wahrscheinlich, daß alle von den verschiedenen Citrus-Arten abstammenden Oele ein und derselbe Körper sind, denn auch die chemische Zusammensetzung und viele physikalischen Eigenschaften sind bei allen die gleichen.

33. Lorbeeröl (Oleum lauri).

Der edle Lorbeer, Laurus nobilis, enthält in seinen Früchten viel fettes und ätherisches Oel. Durch Auskochen der Früchte mit Wasser werden beide gemengt gewonnen und kann das ätherische Oel von dem fetten durch Destillation getrennt werden. Das Lorbeeröl riecht durchdringend, aber angenehm und findet besonders in der Liqueur- und Seifenfabrikation Anwendung, ist aber auch ein ausgezeichnetes Mittel zur Abhaltung von Insecten, denen der Geruch dieses Oeles sehr widerlich zu sein scheint.

34. Macisöl (Oleum macis).

Dieses Oel, im Handel auch Muscatblüthenöl genannt wird aus dem fleischigen rothgelb gefärbten Samenmantel der Muscatnüsse dargestellt, welche die Früchte des Muscatnußbaumes Myristica moschata bilden, der in Indien, namentlich auf Java cultivirt wird. Wir machen bei diesem Oele die merkwürdige Wahrnehmung, daß die verschiedenen

Theile einer Frucht ganz verschiedene Oele enthalten; das Macisöl ist von jenem der Muscatnuß verschieden, einer ähnlichen Erscheinung begegnen wir übrigens auch bei den Orangenblüthen unter noch merkwürdigeren Verhältnissen, indem in diesen Blüthen mehrere Oele enthalten sind.

Das Macisöl ist wasserhell, dünnflüssig, von durchdringendem höchst ausgiebigen Geruch und von mildem Geschmack; alte Waare wird gelb und dickflüssig. In der Industrie wird es vielfach zur Darstellung von Ausbruchweinen, Liqueuren und zum Parfumiren von Seifen verwendet.

35. Majoranöl (Oleum origani),

aus dem Kraute der Majoranpflanze Origanum Majorana durch Destillation erhalten, ist wasserhell, sehr dünnflüssig und hat in seinem Geruche große Aehnlichkeit mit dem Oele des Thymians, an dessen Statt es auch verwendet wird. In Berührung mit Luft nimmt es reichlich Sauerstoff auf und bildet eine weiße geruchlose Krystallmasse. Es wird vielfach in der Seifen- und Liqueurfabrikation benützt.

36. Melissenöl (Oleum Melissae),

aus der Citronen-Melisse Melissa officinalis durch Absorption bereitet, zeigt einen starken Wohlgeruch, der entfernt an jenen der Citronen erinnert, wird aber seiner Kostspieligkeit wegen nicht rein dargestellt, sondern werden nur die Fette, von denen es aus den Blüthen absorbirt wurde, als Pomaden und Oele in der Parfumerie verwendet.

37. Münzöle.

Die der Gattung Mentha angehörigen Pflanzen zeichnen sich alle durch Wohlgeruch aus; doch sind es besonders drei derselben, aus denen ätherische Oele dargestellt werden und zwar Mentha crispa, Mentha viridis und Mentha piperita.

Das Krausemünzöl (Oleum menthae crispae), durch Destillation von Mentha crispa und Mentha viridis erhalten, ist blaßgrün gefärbt und dünnflüssig; im Alter wird es dick und dunkelfarbig. In neuerer Zeit wird viel von diesem Oele aus Amerika eingeführt; das deutsche Krausemünzöl wird aber theurer bezahlt, da es nicht so häufig mit Terpentinöl verfälscht ist, wie das amerikanische. Es dient zu billigeren Parfumerie-Artikeln.

Das Pfeffermünzöl (Oleum menthae piperitae) wird aus dem Kraute der Pfeffermünze Mentha piperita destillirt, die in Deutschland, England und Nordamerika cultivirt wird. Die englische Waare, besonders die aus der Gegend von Mitcham und Cambridge (Mitcham- und Cambridge-Oel) wird hoch geschätzt und steht doppelt so hoch im Preise als andere. Das Pfeffermünzöl ist wasserhell, von sehr starkem Geruch und stark brennendem, hinterher aber erfrischendem Geschmack; alte Waare wird grünlich und dickflüssig. Seines hohen Preises wegen wird dieses Oel stark verfälscht. Es dient zur Anfertigung feiner Liqueure, besonders aber in der Parfumerie zur Bereitung von aromatischen Mundwässern, da es auf die Mundtheile in einer Weise erfrischend wirkt, wie kein anderes ätherisches Oel; wegen dieser Wirkung benützt man es auch zur Anfertigung von Pastillen.

38. Muscatnußöl (Oleum myristicae).

Die Frucht des Muscatnußbaumes liefert bei der Destillation das eigentliche Muscatöl, welches dünnflüssig farblos, oder nur ganz wenig gelb gefärbt ist. Sein Geruch ist durchdringend nach Muscat und der Geschmack scharf brennend. Altes Oel scheidet eine farblose krystallinische Masse ab. In Indien stellt man aus den Muscatnüssen eine eigene Substanz dar, welche von butterartiger Consistenz ist und Muscatbutter genannt wird. Man erhält dieselbe durch Pressen der frischen Nüsse, wodurch ein festes butterartiges Fett gewonnen wird, dem aber auch der größte Theil des ätherischen Oeles beigemengt ist. Man kann letzteres der Muscatbutter durch Behandeln mit starkem Weingeist entziehen, benützt aber die Muscatbutter meistens unmittelbar zur Seifenfabrikation. Das Muscatnußöl selbst findet sowohl in der Fabrikation der Ausbruchweine, als der Liqueure und Parfumerien ausgedehnte Anwendung.

39. Myrrhenöl. (Oleum Myrrhae).

Das unter dem Namen Myrrhe im Handel vorkommende Schleimharz des arabischen Baumes Balsamodendron Myrrha enthält ein ätherisches Oel, welches durch Destillation gewonnen werden kann. Es ist hellgelb und dickflüssig, riecht aber nicht besonders angenehm; der Geruch desselben wird aber von den orientalischen Völkern geliebt.

40. Myrthenöl (Oleum myrthae).

Die gemeine Myrthe, ein in Südeuropa heimischer Strauch, enthält in ihren Blüthen und Blättern ein lieblich riechendes Oel, das durch Destillation erhalten werden kann, aber im Handel nicht vorkommt. Die Fabriken ätherischer Oele in Südfrankreich setzen Myrthenwasser Eau de myrthes in den Handel, welches wirklich aus Myrthen dargestellt ist. Die sogenannten Myrthenparfume des Handels sind gewöhnlich Composition verschiedener Oele, unter welchen aber das eigentliche Myrthenöl gar nicht vorkommt.

41. Narcissenöl (Oleum narcissae).

Die Frühlingspflanze Narcissus poëticus wird zwar m südlichen Frankreich nebst anderen ähnlichen Gewächsen eigens für Parfumeriezwecke cultivirt, das ätherische Narcissenöl kommt aber als solches nicht in den Handel. Versuche, welche wir dießbezüglich durch Behandeln von Narcissenblüthen mit Petroleumäther angestellt haben, lieferten eine ungemein kleine Quantität Oel von betäubendem Geruche, der erst bei sehr starker Verdünnung den eigentlichen Narcissenduft und zwar in voller Schönheit zeigte.

42. Nelkenöl (Oleum Dianthi).

Das echte Nelkenöl aus den Blüthen der duftenden Arten der Gattung Nelke Dianthus bereitet, ist ebenfalls kein Handelsartikel; ja selbst die sogenannten Nelkenparfums sind nicht einmal mittelst Nelken dargestellt, sondern durch passende Combination anderer Riechstoffe bereitet.

43. Nelkengewürzöl (Oleum cariophylli).

Dieses ätherische Oel, im Handel auch kurzweg als Nelkenöl bezeichnet, stammt von dem in Indien, Südafrika und in Cayenne heimischen Baume Caryophillus aromaticus. Die Gewürznelken sind so reich an ätherischem Oel, daß dasselbe beim Zerdrücken der Blüthenknospen — solche sind die Gewürznelken — die Finger gelb färbt. In Folge des großen Reichthums an ätherischem Oele werden die Gewürznelken oft theilweise mit einem Lösungsmittel extrahirt, dann getrocknet und in den Handel gesetzt. Man erkennt derlei weniger werthvolle Waare an dem matten, glanzlosen

Aussehen, sowie daran, daß sie auf Wasser schwimmt; Nelken, welche ihren vollen Oelgehalt haben, sinken entweder in Wasser ganz unter oder schwimmen mit den Köpfen nach oben in aufrechter Stellung.

Das Nelkengewürzöl ist, wenn es ganz frisch destillirt ist, farblos, nimmt aber an der Luft eine bräunliche Färbung und dickflüssige Beschaffenheit an. Das Nelkengewürzöl besteht aus einer Kohlenwasserstoff-Verbindung und aus einem saueren Körper, welchen man als Nelkensäure bezeichnet.

44. Orangenblüthenöle.

Diese ätherischen Oele, deren man mehrere unterscheidet, gehören zu den kostbarsten Producten, welche die Parfumerie überhaupt kennt; man stellt sie aus den Blüthen von Citrus aurantium (echter Orangenbaum), Citrus Bigaradia (Sevilla-Orange) und aus den Blüthen und unreifen Früchten verschiedener anderer Aurantiaceen dar. Durch Maceration oder Absorption der frischgepflückten Blüthen des echten Orangebaumes erhält man

Das echte Orangenblüthenöl

oder Oleum neroli, Neroli pétale, Huile de fleurs d'oranger. Durch Destillation erhält man zwar auch noch sehr lieblich riechende Producte, welche sich aber mit dem echten Huile de fleurs d'oranger nicht messen können; man bezeichnet sie je nach ihrer Abstammung als

Huile de Neroli, Huile de Bigarade oder Huile de petit grains,

je nachdem sie aus Citrus aurantium, aus Citrus Bigarada, oder aus den unreifen Früchten des Orangenbaumes destillirt wurden.

Alle Orangenblüthenöle sind frisch ganz farblos und eigenthümlich bitter schmeckend; der Luft ausgesetzt verändern sie sich jedoch sehr schnell, werden hierbei röthlich und büßen viel von ihrem feinen Geruche ein. Das sich bei der Destillation der Blüthen ergebende Orangenblüthenwasser Aqua naphae (das Blüthenöl wird auch als Oleum naphae bezeichnet) kommt als solches in den Handel, wird aber auch in neuerer Zeit zur Darstellung des Oeles selbst und zwar durch Schütteln mit Petroleumäther verwendet.

Der sehr hohe Handelswerth der Orangenblüthenöle hat zur Folge, daß diese Oele im Handel nur selten echt zu haben sind; gegenwärtig sind es fast nur einige französische Fabriken, die sie wirklich echt in den Handel setzen.

45. Orangenschalenöl (Oleum aurant).

Dieses nach seinem Productionsorte auch Portugalöl genannte ätherische Oel wird durch Pressen oder Destillation aus den Orangenschalen gewonnen. Es ist von goldgelber Farbe und erfrischendem Orangengeruch und wird in ausgedehntem Maße, sowohl in der Liqueurfabrikation als auch in der Parfumerie verwendet, wird aber auch zum Fälschen der Orangenblüthenöle benützt.

46. Pfeifenstrauchöl.

Der bei uns in den Gärten gepflanzte Zierstrauch, Philadelphus coronarius, Pfeifenstrauch oder deutscher Jasmin, enthält in seinen Blüthen ein ätherisches Oel, welches in seinem Geruche an den des Jasmins erinnert. Die südfranzösischen Fabrikanten ätherischer Oele cultiviren diesen Strauch seit langem, um durch Absorption aus den Blüthen billige Jasminpomade darzustellen, ohne jedoch das Oel selbst zu bereiten. Man kann übrigens nach unseren diesbezüglichen Versuchen dasselbe durch Behandeln der Blüthen mit Petroleumäther darstellen, und ist die Fabrikation dieses Oeles ganz besonders den süddeutschen Fabrikanten ätherischer Oele zu empfehlen, da der Pfeifenstrauch daselbst vorzüglich gedeiht.

47. Patschuliöl (Oleum Patchuli)

oder auch Patchouliöl stammt von dem in Indien heimischen Patschulikraut Pogostemon Patchouli, wird aber größtentheils in Europa aus dem Kraute destillirt. Es ist braun und dickflüssig und riecht unter allen ätherischen Oelen am stärksten und zwar so durchdringend, daß sein Geruch erst bei sehr hoher Verdünnung angenehm wird. Da es die Eigenschaft hat, andere Gerüche beständiger zu machen und bei hoher Verdünnung wirklich selbst angenehm riecht, so findet es vielfache Anwendung in der Parfumerie. Das aus älterem Kraute destillirte Oel ist gewöhnlich etwas schwerer als Wasser.

48. Petersilienöl.

Die Küchenpflanze Apium petroselinum enthält in allen Theilen ätherisches Oel, das durch Destillation gewonnen wird. Zuerst destillirt ein farbloses flüssiges, später ein krystallinisches Oel, welchem der eigenthümliche erfrischende Geruch, der besonders die Petersilienwurzel auszeichnet, eigen ist.

49. Pimentöl (Oleum pimentae),

aus der Myrthenart Myrthus pimenta und zwar aus den Früchten derselben bereitet, in denen es in reichlicher Menge vorkommt, schmeckt scharf brennend und ist von höchst intensivem Geruche, der dem des Nelkengewürzöles nahe kommt. Es wird in der Liqueur- und Seifenfabrikation angewendet.

50. Rautenöl (Oleum rutae).

Die Raute oder Gartenraute, Ruta graveolens, enthält in allen Theilen ziemlich viel eines farblosen oder hellgelben Oeles von lieblichem, aber sehr starkem Geruche nach Rauten. Die Hauptanwendung dieses Oeles ist zur Fabrikation des Cognac; in Frankreich findet man ausgedehnte Rautenpflanzungen, deren Oel blos für den angegebenen Zweck verwendet wird.

51. Resedaöl (Oleum resedae).

Die aus Nordafrika stammende, aber bei uns eingebürgerte lieblich duftende Gartenreseda, Reseda odoratissima, liefert durch Maceration und Absorption, wie wir uns aber überzeugt haben, auch durch Extraction mit Petroleumäther ein gelbliches Oel von penetrantem und widerlichem Geruche, der erst bei sehr hoher Verdünnung angenehm wird. Beim Pflücken der Blüthen ist darauf zu achten, daß diese frei von Blättern gewonnen werden, indem man nur dann ein feinduftendes Oel erhält.

52. Rosenöle (Oleum rosarum).

Unter dem Namen Rosenöle kommen sehr verschiedene Producte im Handel vor, welche theils wirklich von verschiedenen Rosengattungen abstammen, theils aber von der Rose nichts als den Namen haben, indem ein großer Theil des sogenannten echten Rosenöles aus dem Oele des Rosenblatt-Geraniums besteht, welches selbst wieder auf mannigfaltige Art durch andere billigere Oele verfälscht wird. Als die besten Sorten des Rosenöles gelten die aus dem Oriente der Türkei, besonders aus Rumelien, aus Persien und aus Indien stammenden Oele, doch wird in Frankreich Rosenöl von ausgezeichneter Qualität producirt und könnte auch in

Deutschland, wo sämmtliche Rosenarten vorzüglich gedeihen, die Cultur dieser Pflanze leicht in eigenen Plantagen zum Zwecke der Gewinnung des ätherischen Oeles benützt werden.

Der wichtigste Productionsort des Rosenöles — die französischen Fabriken verwenden das von ihnen dargestellte Rosenöl sogleich zur Bereitung von Parfums oder stellen nur Pomaden und deren Essenzen dar, setzen aber jedenfalls kein Rosenöl als solches in den Handel — ist gegenwärtig noch Rumelien, wo das Oel der Rosen durch Destillation mit Wasser und Rectification gewonnen wird. Die zur Gewinnung des Rosenöles am häufigsten verwendete Rosengattung ist eine Varietät der Rosa centifolia die Rosa damascena. Das so dargestellte Rosenöl (Rumelien liefert jährlich gegen 2000 Kilogramm Oel und sind zu einem Kilogramm Oel 3000—3200 Rosen nothwendig!) wird meist gleich an Ort und Stelle mit Geraniumöl verfälscht und baut man diese Pflanze neben der Rose. In der türkischen Sprache heißt Gül-Jag Rosenöl, die in Europa gebrauchten Namen Attar oder Otto, angeblich türkischen Ursprunges, sind entschieden nicht dieser Sprache angehörig.

Neben dem Rosenöle gewinnt man bei der Destillation auch Rosenwasser, doch kommt dieses aus der Türkei nur wenig in den Handel, da es immer wieder zur Destillation neuer Mengen von Rosen benützt wird. Um an Orten, an denen man nicht eine solche Anzahl von Rosenbäumen zur Verfügung hat, daß die Ernte eines Tages das Destilliren lohnt, Rosenöl erzeugen zu können, müssen die Rosen conservirt werden. Dies geschieht am besten durch Einsalzen der Rosen.

Man bestreut zu diesem Zwecke den Boden einer Kufe mit Salz, bringt auf dieses eine Schichte Rosen, auf diese wieder Salz und vermischt durch Rühren Rosen und Salz auf das innigste. Der entstehende Brei wird, sobald eine genügende Menge davon vorhanden ist, mit Wasser destillirt.

Das echte unverfälschte Rosenöl ist von hellgelber bis grasgrüner Färbung. Ebenso verschieden wie diese ist auch die Consistenz der Oelsorten; es giebt deren, welche bei gewöhnlicher Temperatur ganz flüssig sind, indeß andere Butter-Consistenz haben. Das Rosenöl besteht aus zwei Körpern, einem flüssigen, welcher der eigentliche Träger des Geruches ist, und aus einem festen, krystallinischen, der im reinen Zustande wahrscheinlich ganz geruchlos ist. Es ist demnach anzunehmen, daß die flüssigen Oele die werthvolleren seien, obwohl im Handel starre Oele höher geschätzt werden, was wohl davon herrührt, daß das Festsein eine gewisse Bürgschaft für die Echtheit in sich schließt.

Reines Rosenöl duftet nicht, es riecht vielmehr so betäubend und intensiv, daß der Geruch vielen Personen geradezu widerlich ist; nur bei sehr starker Verdünnung des Oeles tritt der herrliche Duft desselben hervor.

Die wilde Rose, die Moosrose, die Theerose enthalten Oele, die sich im Geruche wesentlich von dem echten Rosenöle unterscheiden; sie werden aber nicht für sich allein dargestellt, sondern nur in gewissen französischen Fabriken zur Fabrikation von Pomaden und Essenzen verwendet. Ob sich die in diesen Rosengattungen vorkommenden Oele von jenem, welches aus der Centifolie gewonnen wird, unterscheiden, ist noch nicht ermittelt.

53. Rosenholzöl.

Aus dem Wurzelstocke von Convulvulus scoparius, einer auf den canarischen Inseln heimischen Pflanze, läßt sich ein Oel destilliren, welches von hellgelber Farbe, dickflüssig, von gewürzhaftem Geschmack und leichter als Wasser ist. Der Geruch des Oeles ist angenehm und etwas dem der Rose ähnlich. Man verwendete es früher, ehe man das Geraniumöl im Großen darstellte, zur Verfälschung des Rosenöles, und verwendet es noch gegenwärtig zum Parfumiren der sogenannten Rosenseifen.

54. Rosmarinöl (Oleum rosmarini).

Das Rosmarinöl, aus dem Kraute der wohlriechenden Gartenpflanze Rosmarinus officinalis destillirt, zeichnet sich durch blaßgrüne Färbung, Dünnflüssigkeit und sehr geringe Dichte aus. Als beste Sorte dieses Oeles gilt das spanische Product. Das Rosmarinöl ist einer der Hauptbestandtheile des Kölnerwassers und wird auch sonst zur Anfertigung von Liqueuren, von Waschwässern und Seifen verwendet.

55. Sabinaöl (Oleum sabinae).

Der Sadebaum, Juniperus Sabina, enthält in allen Theilen ätherisches Oel, welches im Geruche und sonstigen physikalischen Eigenschaften große Aehnlichkeit mit dem Terpentinöle besitzt, und seiner specifischen Wirkungen wegen in der Arzneikunde angewendet wird.

56. Salbeiöl (Oleum salviae).

Das Kraut von Salvia officinalis und auch das anderer Salvia-Arten giebt bei der Destillation ein gelblich gefärbtes Oel, welches im Alter fast ganz fest wird und in seinen Eigenschaften dem Pfeffermünzöle ähnlich ist. Es wird häufig zur Verfälschung des letzteren angewendet und sind namentlich die sogenannten Pfeffermünz-Mundwässer in der That nichts anderes als aromatisches Salbeiwasser, das mit etwas in Alkohol gelöstem Pfeffermünzöle versetzt ist.

57. Santalöl (Oleum santali).

Der Santalholzbaum, Pterocarpus santalinus (Sandelholz ist eine unrichtige Bezeichnung), welcher in Indien heimisch ist, zeichnet sich durch ein intensiv roth gefärbtes, wohlriechendes Holz aus. Das aus diesem gewonnene ätherische Oel ist dunkelbraun, giebt aber in Weingeist eine nur wenig gefärbte Lösung. Der Geruch des Oeles ist Rosen ähnlich, doch wird es gegenwärtig nur mehr wenig in der Parfumerie, wohl aber in der Arzneikunde angewendet.

58. Sassafrasöl (Oleum sassafras).

Die verschiedenen Arten der amerikanischen Bäume der Gattung Sassafras geben ein Oel, das schwerer als Wasser ist, rothgelb bis dunkel rothbraun gefärbt ist und brennend schmeckt und riecht; es zeichnet sich besonders dadurch aus, daß es selbst in sehr starker Kälte nur theilweise fest wird.

59. Sellerieöl (Oleum Apii).

In allen Theilen der Selleriepflanze ist ein erfrischend riechendes Oel von wasserheller Farbe enthalten, dem man gewisse Wirkungen auf die Sexualorgane zuschreibt. Es wird zu medicinischen Zwecken verwendet.

60. Senföl (Oleum sinapis).

Die Samen der Senfpflanze enthalten kein ätherisches Oel, doch einen Körper, den man Myrosin genannt hat, der auf eine andere Substanz, die Myronsäure, auf ähnliche Weise zerlegend einwirkt, wie das Emulsin auf das Amygdalin in den bitteren Mandeln. Bei längerem Stehen des zerstoßenen schwarzen Senfes mit Wasser entsteht Senföl, das sich sofort durch seinen die Augen angreifenden

Geruch zu erkennen giebt. Wie bei den bitteren Mandeln ist es nothwendig, die an fettem Oele sehr reichen Senfsamen durch sehr kräftiges Auspressen von diesem zu befreien und die Kleie mit warmem Wasser zu behandeln.

Das reine, durch Destillation erhaltene Senföl ist wasserhell und von durchdringendem Geruch, der die Thränendrüsen zu heftigster Thätigkeit anregt, die Schleimhäute der Nase und des Mundes heftig angreift und sogar auf die Haut des Körpers so energisch einwirkt, daß auf derselben Blasen entstehen, welche von Brandblasen nicht zu unterscheiden sind.

Das Senföl ist in chemischer Beziehung dadurch interessant, daß es Schwefel und Stickstoff enthält; seine Zusammensetzung ist $C_8 H_5 S N$. — Die Eigenschaften dieses Oeles gestatten selbstverständlich keine Anwendung zu solchen Zwecken, in denen es sich um Hervorbringung von Wohlgeruch handelt, doch wird das Senföl zu vielfachen medicinischen Zwecken verwendet.

61. Spierstaudenöl (Oleum spireae).

Viele Spirea-Arten enthalten dieses Oel; man stellt es aus der Spirea ulmaria durch Destilliren mit Wasser und Behandeln des aromatischen Wassers mit Benzol oder Petroleumäther dar.

Das Spireaöl ist chemisch salicylige Säure und kann auch künstlich aus Weidenbitter (Salicin) mittelst doppelt chromsaurem Kali und Schwefelsäure dargestellt werden. Das reine Oel ist farblos, riecht dem Bittermandelöl ähnlich, erstarrt aber erst bei sehr niederer Temperatur und wirkt auf Pflanzenfarben rasch bleichend.

62. Sternanisöl (Oleum anisi stellati).

Die Früchte von Illicium anisatum, der sogenannte Sternanis, geben bei der Destillation ein farbloses Oel, welches ähnlich wie das Anisöl riecht, sich aber durch einen viel feineren Geruch auszeichnet als dieses. Man verwendet es zu denselben Zwecken wie das eigentliche Anisöl, doch wird zu feineren Präparaten stets das Sternanisöl benützt und namentlich feine Liqueure und Toiletteseifen damit parfumirt.

63. Terpentinöl (Oleum terebinthinae).

Dieses industriell unstreitig wichtigste aller ätherischen Oele stammt von den verschiedenen Gattungen der Zapfenbäume oder Coniferen, und wird besonders aus den Pinus-, Abies- und Larix-Arten (Föhren, Fichten und Lärchen) dargestellt, die dasselbe in allen Theilen, im Holze, den Nadeln und Früchten, in reichlicher Menge enthalten und bei der Verletzung, namentlich des Stammes, ausfließen lassen. In dem Holze findet sich das Oel gemengt mit Harz vor; das dickflüssige Gemisch, welches aus dem Baume fließt, ist demnach eigentlich ein Balsam, den man gemeiniglich als Terpentin bezeichnet.

Die Terpentine.

Je nach der Pflanze, mehr aber noch nach dem Lande, in welchem der Terpentin gewonnen wird, unterscheidet man verschiedene Sorten desselben und benennt auch das aus diesen Terpentinen gewonnene ätherische Oel nach demselben. — Im Handel sind besonders folgende Terpentinsorten bekannt:

Deutscher Terpentin von verschiedenen Coniferen, besonders von der Kienföhre, Pinus silvestris, deren harzreichste Varietät die Pinus austriaca ist.

Französischer Terpentin ist vorzüglich das Product der Strandkiefer, die im südwestlichen Frankreich ganz besonders gedeiht.

Venetianischer Terpentin stammt hauptsächlich von mehreren Larix-Arten, besonders von Larix decidua, welche am Südabhange der Alpen cultivirt wird.

Amerikanischer Terpentin rührt von sehr verschiedenen Zapfenbäumen her; namentlich liefern Pinus palustris und Pinus Taeda die größte Quantität von Harz.

Von den in geringeren Mengen im Handel vorkommenden Terpentinen ist noch zu nennen: der karpathische, welcher von der Zwergföhre Pinus Pumilio und der Zirbelkiefer, Pinus Cembra, stammt, und der Straßburger Terpentin, welcher in den Vogesen aus den Stämmen der Weißtanne Abies alba gewonnen wird.

Der wohlriechende Canada-Balsam von der Balsamtanne Abies balsamea ist fast farblos, dickflüssig und von angenehmem Geruche.

Cyprischer Terpentin aus den Stämmen von Pistacia Terebinthinus auf der Insel Cypern und sonst in Kleinasien gewonnen, ist von grünlicher Farbe, fenchelartigem Geruche und würzigem Geschmacke.

Die Gewinnung des Terpentines kann man auf die Weise vornehmen, daß man entweder nahe am Boden mittelst eines großen Zimmermanns-Bohrers ein Loch bis in die Axe des Stammes bohrt und das ausfließende Harz in geeigneten Gefäßen auffängt, oder was häufiger geschieht, indem man den Baumstamm auf der halben Seite bis zu einer gewissen Höhe seiner Rinde entkleidet und jährlich nach oben zu ein Stück Rinde

10*

wegnimmt, was so lange fortgesetzt wird, als der Baum noch Harz giebt. Das aus den Stämmen ausfließende Harz wird durch schief in das Holz eingeschlagene Holzspäne gezwungen, in eine am Fuße des Stammes eingehauene Grube oder in einen angehängten Topf zu fließen, aus welchen es von Zeit zu Zeit ausgeschöpft und in einer Sammelgrube aufbewahrt wird.

Wie man auch die Gewinnung des Terpentines betreibe, immer ist dieselbe nur dann in ausgiebigem Maße möglich, wenn der betreffende Baum eine schwere Verletzung erleidet. Daß in diesem Falle nicht mehr auf bedeutenden Holzzuwachs gerechnet werden kann, ist selbstverständlich und werden daher auch nur Stämme, welche ein gewisses Alter erreicht haben, zur Terpentingewinnung, zum sogenannten „Abharzen" verwendet.

Die Terpentine, wie sie aus dem Baume fließen, sind anfangs alle ganz klare, zähe Flüssigkeiten von zugleich brennendem und bitterem Geschmack; gewisse Terpentine, wie z. B. der venetianische, haben die Eigenschaft, auch bei langem Aufbewahren durchsichtig zu bleiben; die Mehrzahl derselben wird jedoch nach einiger Zeit an der Luft trübe, später ganz undurchsichtig und weißlich. Diese Veränderung wird dadurch bedingt, daß ein Bestandtheil des Terpentines beim Verharzen einen krystallinischen Körper bildet, dessen kleine Krystalle die ganze Masse undurchsichtig machen.

Die Zusammensetzung der Terpentine ist eine variable nach der Pflanzenart, von welcher sie stammen und nach dem Grade der Verharzung, den das ätherische Oel theils schon im Stamme, theils nach dem Ausfließen aus demselben durchgemacht hat. Die ätherischen Oele verwandeln sich durch Sauerstoffaufnahme in Harze, welche saurer Natur sind; Pinin- und Abietinsäure, Pimarsäure, sowie bittere Extractivstoffe sind in den harzigen Producten stets zu finden.

Die Terpentine oder Coniferen-Balsame, wie man sie auch nennen kann, finden als solche selbst verschiedene Anwendungen; in dem Zustande, wie sie aus dem Walde gebracht werden, sind sie durch Holzsplitter, Nadeln der Zapfenbäume u. s. w. verunreinigt und mit Wasser gemengt; man unterzieht sie gewöhnlich einer oberflächlichen Reinigung, indem man sie soweit erwärmt, daß sie dünnflüssig werden und sodann durch Stroh oder grobe Leinwand filtrirt und als gereinigten Terpentin oder unter der Bezeichnung rectificirter Terpentin in den Handel setzt.

Terpentin in luftdicht verschlossenen Gefäßen aufbewahrt, bleibt unverändert; der Luft ausgesetzt, geht er allmälig ganz in festes Harz über.

Die Darstellung des Terpentinöles.

Obwohl die Gewinnung des Terpentinöles aus den Terpentinen im Großen und Ganzen genau so vor sich geht, wie überhaupt die Gewinnung aller ätherischen Oele durch Destillation, so erscheint es doch von Wichtigkeit, den hierbei einzuschlagenden Weg etwas näher auseinander zu setzen, da das Terpentinöl unter allen ätherischen Oelen unstreitig dasjenige ist, welches die ausgedehnteste industrielle Anwendung hat. Man benützt das Terpentinöl als Lösungsmittel für viele Harze und Fette, unter den Namen Pinin, Camphin, Solaröl u. s. w. als Brennmaterial, zur Verdünnung von Oelfarben und zu mehreren anderen Zwecken.

In den Fabriken mit älterer Einrichtung wird die Destillation des Terpentinöles auf sehr einfache Art vorgenommen; man destillirt dort einfach aus gewöhnlichen großen Destillirblasen, die ganz unmittelbar in den Herd eingemauert sind. Selbst bei großer Vorsicht in der Leitung des Feuers läßt es sich nicht verhüten, daß ein großer Theil des zurückbleibenden Harzes zersetzt werde und ein schwarz gefärbtes Harz, das sogenannte Schusterpech oder Schiffspech, hinterlasse, welches nur geringen Handelswerth besitzt.

In rationell eingerichteten Terpentinöl-Fabriken arbeitet man gegenwärtig nur mit solchen Apparaten, welche durch Dampf geheizt werden und zwar müssen die Apparate so eingerichtet sein, daß die Destillirblase von einem Mantel umhüllt ist und außen von Dampf umgeben wird, und es auch möglich ist, Dampf in das Innere der Destillirblase selbst einströmen zu lassen.

Bei derartig construirten Apparaten ist es möglich, das Terpentinöl vollständig zu gewinnen und gleichzeitig das Harz in größter Reinheit als durchscheinende, honiggelbe oder hellbraune Masse zu erhalten. Am Anfange der Operation giebt man nur indirecten Dampf und zwar so lange, bis der Terpentin dünnflüssig geworden. Ist dies eingetreten, so läßt man Dampf in das Innere der Destillirblase selbst treten, worauf das Terpentinöl alsbald zu destilliren beginnt.

Das in dem Destillirgefäße zurückbleibende Harz wird heiß filtrirt; man verwendet hierzu Cylinder mit doppelter Wandung, die am unteren Ende durch ein Seihetuch verschlossen sind und durch Dampf, der zwischen den Wandungen circulirt, heiß erhalten werden. Unmittelbar nach beendeter Destillation läßt man das Harz aus der Destillirblase in dieses Filter fließen, wo es durch den Dampf dünnflüssig erhalten wird und rasch filtrirt.

Terpentinöl, welches durch Anharzen von Zapfenbäumen und Destillation des Terpentines gewonnen wird, ist gewöhnlich so rein, daß es nur noch einer einmaligen Destillation bedarf, um als wasserhelle, aromatisch und gerade nicht unangenehm riechende Flüssigkeit erhalten zu werden. In einigen Gegenden stellt man aber Terpentin, oder richtiger Harz, auf sehr rohe Weise dadurch dar, daß man die Wurzelstöcke der Bäume in Kohlenmeilern ausschwelt und in einer unter dem Meiler angebrachten Grube das durch die Hitze ausgeschmolzene Harz und Terpentinöl aufsammelt.

Wenn man derartiges Rohharz der Destillation unterwirft, so erhält man ein Terpentinöl, welches durch hartnäckig anhaftende Producte der trockenen Destillation einen sehr unangenehmen brenzlichen Geruch besitzt, von dem es nur durch wiederholte Rectification über Chlorkalk befreit werden kann.

In einigen Gegenden stellt man auch Terpentinöl dadurch dar, daß man die beim Fällen der Bäume sich ergebenden kleinen Zweige, Zapfen, Nadeln und Wurzelholz der Destillation unterwirft und bezeichnet man das auf diese Art erhaltene Oel als Tannenzapfenöl, Templinöl oder auch als Waldwollöl.

Die unter Zusatz von etwas Kalkmilch rectificirten Terpentinöle (der Kalk wird zugesetzt, um die dem Oele anhaftende Ameisen- und Essigsäure zu binden) zeigen im Allgemeinen die gleichen chemischen Eigenschaften, wenn sie auch von verschiedenen Bäumen und verschiedenen Productionsorten stammen; merkwürdiger Weise ist aber eine wesentliche Verschiedenheit in den physikalischen Eigenschaften, in der Dichte, dem Drehungsvermögen für die Polarisationsebene, sowie den Siedepunkten wahrnehmbar.

Durch längere Zeit der Luft und dem Lichte ausgesetzt, zeigt das Terpentinöl die zwar den meisten ätherischen

Oelen eigenthümliche Eigenschaft des Ozonisirtwerdens in besonders hohem Maße. Es wird hierbei dickflüssig, balsamartig, nimmt eine honiggelbe Farbe an und besitzt durch seinen hohen Gehalt an activem Sauerstoff (Ozon) ein so kräftiges Bleichungsvermögen, daß es in ganz kurzer Zeit sogar den haltbarsten aller organischen Farbstoffe, den Indigo, zu zerstören vermag.

Im Handel unterscheidet man ganz besonders die folgenden Sorten von Terpentinölen, welche in größeren Mengen auf den Markt gebracht werden: Deutsches Terpentinöl, französisches, englisches (aus amerikanischem Rohmateriale in England dargestellt) und venetianisches, deren Eigenschaften und Verwendungen bei dem rectificirten Producte ziemlich dieselben sind. — Das aus den Zweigen, Nadeln und Zapfen destillirte Templin- und Tannenzapfenöl von gelber bis brauner Farbe ist gewöhnlich ziemlich unrein, von unangenehmem Geruch und gleichzeitig von geringerem Werthe als die vorgenannten Sorten.

64. Thymianöl (Oleum thymi).

Das Thymianöl aus dem blühenden Kraute des bei uns wildwachsenden Thymians, Thymus vulgaris, durch Destillation gewinnbar, ist von hellgelber Farbe und angenehm würzigen Geruche, der so große Aehnlichkeit mit dem einiger anderer dem Thymian nahestehenden Pflanzen, als des Quendels, Thymus serpillum, und anderer besitzt, daß diese Oele alle unter dem gemeinschaftlichen Namen Thymianöl in den Handel gebracht werden. Ihre Verwendung ist eine ziemlich bedeutende; außer ihrer Benützung in der Liqueurfabrikation verwendet man sie auch in ausgedehntem Maße zum Wohlriechendmachen von Seifen und zur Herstellung von billigen Parfumerie-Waaren.

65. Vanilleöl (Oleum Vanillae aromaticae).

Die bekannte Orchideenart der Tropenländer, deren Kapselfrüchte uns das herrlich duftende Gewürz liefern, die Vanilla aromatica, giebt durch Destillation, besser durch Extraction, ein festes, krystallinisches Oel, den Vanille-Campher oder das Vanillin, welches anstatt des weingeistigen Vanille-Extractes gegenwärtig häufig zur Darstellung von Liqueuren und verschiedener Wohlgerüche verwendet wird.

66. Veilchenöl.

Das Märzveilchen, Viola Martii, verdankt seinen Duft einem ätherischen Oele von grüner Farbe und so durchdringendem Geruche, daß derselbe Kopfschmerzen verursacht und erst bei sehr starker Verdünnung dem der Veilchen gleicht. Bis nun gelang es nur, dieses Oel durch das Absorptionsverfahren darzustellen; im Handel ist es gar nicht zu haben, da die französischen Fabriken, welche es unseres Wissens bis nun ausschließlich darstellen, die Gesammtmenge der übrigens sehr geringen Oelausbeute für ihre Zwecke zur Anfertigung hochfeiner Parfumerien verwenden.

67. Veilchenwurzelöl (Oleum iridis florentinae).

Der kriechende Wurzelstock der florentinischen Schwertlilie, Iris florentina, die im Droguenhandel vorkommende sogenannte Veilchenwurzel, zeigt einen schwachen, aber angenehmen Veilchengeruch. Durch Destillation der zerstampften Veilchenwurzel kann man das Oel darstellen, welches schwach rosenroth gefärbt ist und bei gewöhnlicher Temperatur perlmutterartig glänzende Krystallschuppen bildet, also richtiger als Veilchenwurzel-Campher bezeichnet werden muß. Der Veilchenwurzel-Campher ist bis nun im Handel nur selten zu haben und dann nur zu ungemein hohen Preisen, welch' letzterer Umstand dadurch erklärbar wird, daß die Ausbeute an diesem Körper eine außerordentlich geringe ist.

68. Vetiveröl (Oleum ivaranchusae).

Das Vetiver-, Vitiver- oder Ivaranchusa-Oel wird aus der Wurzel der in Indien heimischen Pflanze Anatherum muricatum theils in ihrem Heimatlande selbst, theils aus der getrockneten Wurzel in Europa destillirt. Am zweckmäßigsten ist es, das durch wiederholte Destillation über stets neuen Wurzelmengen an ätherischem Oel bereicherte aromatische Wasser mit Petroleumäther zu behandeln und diesen abzudestilliren. Das so gewonnene Oel hat eine dickflüssige Beschaffenheit, rothbraune Farbe und einen ungemein intensiven Geruch, welcher dem des Veilchenwurzelöles ziemlich gleich kommt. Das Vetiveröl hat die für Parfumerie-Zwecke sehr werthvolle Eigenschaft, einen sehr lange andauernden Wohlgeruch zu verbreiten und wird darum häufig zum Parfumiren verschiedener Toilettegegenstände verwendet.

69. Wachholderöl (Oleum juniperi.)

Der Wachholderstrauch, Juniperus communis, enthält in allen Theilen, besonders aber in den Beerenfrüchten ziemlich viel ätherisches Oel, welches durch Destillation gewonnen werden kann. Das reine Oel ist dünnflüssig, riecht dem Terpentinöle ziemlich ähnlich, aber feiner als dieses und besitzt einen ausnehmend stark brennenden Geschmack. In bedeutender Kälte erstarrt es zum größten Theile. Die Anwendung dieses Oeles beschränkt sich auf medicinische Zwecke und zur Herstellung der Wachholder-Branntweine;

der holländische Genever und der englische Gin-Branntwein verdanken ihr eigenthümliches Aroma diesem Oele.

70. Wermuthöl (Oleum artemisiae).

Das blühende Wermuthkraut, Artemisia absinthium, liefert ein grünes Oel, welches an der Luft dunkelgrün und dickflüssig wird. Man verwendet es häufig zur Fabrikation des Wermuthliqueurs oder Absynthes, der aber nur dann den charakteristischen bitteren Geschmack zeigt, wenn man das Kraut mit verdünntem Weingeist digerirt; das Oel allein schmeckt brennend scharf. Der bittere Extractivstoff des Wermuthkrautes ist selbst nicht flüchtig.

71. Wintergrünöl (Oleum gaultheriae).

Das Wintergrünöl, auch Wintergreenöl genannt, stammt von der in Nordamerika wildwachsenden Gaultheria procumbens, ist, wenn ganz rein, wasserhell, sonst grün und von sehr angenehmem Geruche. Es besteht aus Methylsalicylsäure und kann auch künstlich aus Salicylsäure und Methylschwefelsäure producirt werden. Es findet seine Hauptanwendung in der Parfumerie und Toilette-Seifenfabrikation.

72. Ylang-Ylang-Oel (Oleum Unonae).

Dieses seit neuerer Zeit in die Parfumerie eingeführte ätherische Oel stammt von Unona odoratissima, einer auf den Philippinen heimischen Pflanze, und kommt von Manila aus als wasserhelle oder schwach gelblich gefärbte Flüssigkeit in den Handel. Als einer der lieblichst duftenden Riechstoffe findet es gegenwärtig schon ausgedehnte Anwendung zur Fabrikation der feinsten Parfums, steht aber jetzt noch zu hoch im Preise, um allgemein benützt zu werden.

73. Ysopöl (Oleum hyssopi).

Die kleinasiatische Pflanze Hyssopus officinalis giebt ein farbloses, an der Luft sehr rasch gelb werdendes Oel, welches vielfach in der Liqueur- und Seifen-Fabrikation verwendet und sonst auch zu billigen Parfumerien benützt wird.

74. Zimmtöle.

Unter dem Sammelnamen Zimmtöl kommen verschiedene Oele in den Handel, welche sich durch ihre Herkunft, Preise, ganz besonders aber durch ihren Geruch wesentlich von einander unterscheiden. Man unterscheidet ganz besonders das eigentliche Zimmtöl, das Zimmt-Cassiaöl, das Zimmtblätteröl und das Zimmtblüthenöl.

Das echte Zimmtöl (Oleum cinnamomi)

wird aus der Rinde der jungen Zweige des auf Ceylon in ausgedehnten Pflanzungen gebauten Zimmtlorbeers, Laurus Cinnamomum, durch Destillation gewonnen. Das Oel ist schwerer als Wasser, von goldgelber bis rothbrauner Farbe — letztere zeigt alte Waare an — und zeichnet sich durch starken angenehmen Geruch und brennenden, aber rein süßen Geschmack aus.

Das Zimmt-Cassiaöl (Oleum cassiae)

von dem in China heimischen Baume Cinnamomum Cassia aus China in den Handel gesetzt, ist von goldgelber Farbe, dickflüssig und noch schwerer als das echte Zimmtöl. Es läßt sich am besten von dem echten Zimmtöle, unter dessen Namen es häufig in den Handel kommt, dadurch unterscheiden, daß es nicht rein süß wie dieses schmeckt, sondern nur anfangs eine schwach süße Geschmacksempfindung hervorruft, die hinterher aber einem brennend scharfen Geschmacke Platz macht.

Das Zimmtblätteröl

ist das Destillat der Blätter des Zimmtlorbeers. Dieses Oel ist ganz verschieden von den eigentlichen Zimmtölen und gleicht in Geruch und Geschmack, sowie in seinen anderen Eigenschaften ziemlich dem aus den Gewürznelken gewonnenen Oele.

Das Zimmtblüthenöl

kommt dem echten Zimmtöle in Bezug auf seine Eigenschaften am nächsten, wird aber nur in geringen Mengen aus den Blättern des Zimmtbaumes dargestellt.

Das Cassiaöl ist das billigste aller Zimmtöle und werden die anderen Sorten, namentlich aber das theure, echte Zimmtöl sehr häufig mit demselben verfälscht; leider ist die Verfälschung wegen der großen Aehnlichkeit, welche beide Oele in Bezug auf ihr physikalisches und chemisches Verhalten zeigen, nur schwierig nachweisbar. Wir werden in dem Abschnitte, welcher von der Prüfung der ätherischen Oele handelt, auf diesen Gegenstand noch eingehender zurückkommen.

XIX. Anhang.

Aetherische Oele, welche bis nun keine technische Verwendung besitzen, und Producte der trockenen Destillation.

Wir haben in die vorstehende Aufzählung der ätherischen Oele nur jene Körper aufgenommen, welche irgend eine technische Verwendung haben. Aber selbst wenn wir jene flüchtigen Oele beschreiben, für welche bis nun keine technische Benützung gefunden wurde, so ist damit die Zahl der ätherischen Oele bei weitem noch nicht erschöpft. Wir haben vielmehr Grund anzunehmen, daß es eine ungemein große Anzahl von ätherischen Oelen gebe — die aber noch nicht dargestellt wurden — von denen viele vielleicht sehr werthvolle Eigenschaften besitzen und von denen eine große Zahl wegen ihres Wohlgeruches ganz bestimmt zu Parfumerie-Zwecken dienen könnte.

Es ist uns nicht bekannt, daß irgend eine Fabrik ätherischer Oele die duftenden Oele, die sich in vielen unserer wildwachsenden Pflanzen vorfinden, rein dargestellt hätte, obwohl diese Pflanzen leicht in großen Quantitäten beschafft werden könnten. Derartige prachtvoll duftende Pflanzen sind z. B. die Nachtviole, Hesperis tristis, gewisse Knabenkraut-Arten wie Orchis pallens und andere, manche wohlriechende Primel-Arten, die Erdscheibe Cyclamen europaeum und viele andere.

Wir haben einiger dieser Pflanzen namentlich Erwähnung gethan, um zur Darstellung der betreffenden Oele anzuregen; übrigens sei hier bemerkt, daß von gewissen wohlriechenden Pflanzen, die ihres Duftes wegen allgemein beliebt sind, im Parfumeriehandel die Oele nicht zu haben sind; Maiglöckchen, Convallaria majalis, Pelargonium-Blätter, Pelargonium zonale, das Basiliumkraut sind gewiß bekannte Pflanzen, doch sind die in ihnen vorkommenden ätherischen Oele nicht dargestellt und alle Parfumerien, welche unter ihrem Namen in dem Handel vorkommen, sind nichts als Compositionen verschiedener Riechstoffe, welche einen Gesammt-Geruchseffect hervorbringen, der dem der Pflanze ähnlich ist, ihn aber bei weitem nicht erreicht. Sogar die Nelkenparfums, welche den Geruch der Gartennelken ziemlich genau wiedergeben, werden nicht aus den Nelkenblüthen, sondern durch Combination verschiedener Oele gewonnen.

Nachstehend führen wir die Eigenschaften einiger Oele an, welche bis nun keine Verwendung haben.

75. Brunnenkressenöl (Oleum Nasturtii).

Die bekannte, auch als Salat verwendete Frühlingspflanze, die Brunnenkresse oder Nasturtium officinale giebt ein farbloses, stark und nicht besonders angenehm riechendes Oel, welches sich besonders dadurch auszeichnet, daß es stickstoffhältig ist, seine Zusammensetzung ist C_9H_9N. Man kann dieses Oel durch Behandeln des wässerigen Destillates mit Petroleumäther gewinnen.

76. Copaïvaöl (Oleum copaïva)

wird aus dem Balsam, welcher aus den Stämmen verschiedener tropischer Bäume, aus der Gattung Copaïfera auf ähnliche Weise gewonnen, wie das Terpentinöl aus dem Terpentine. Das Oel ist ganz farblos, sehr dünnflüssig und von durchdringendem angenehmen Geruche. Der Copaïvabalsam wird in der Medicin und in der Malerei angewendet; ob sich das reine Copaïvaöl zu denselben Zwecken eignet, ist noch nicht festgestellt.

77. Cochleariaöl (Oleum cochleariae).

Das Löffelkraut Cochlearia officinalis giebt bei der Destillation ein unangenehm und sehr scharf riechendes Oel, welches Schwefel enthält, eine gewisse Verwandtschaft mit dem Senföle zeigt und die Zusammensetzung $C_5 H_9 S N$ hat.

78. Lepidiumöl (Oleum lepidii).

Die Gartenkresse, Lepidium sativum, giebt eine sehr geringe Quantität eines wasserhellen ätherischen Oeles, welches Stickstoff enthält; seine Zusammensetzung ist $C_8 H_7 N$ und ist jener des Tropaeolumöles, mit welchem es auch die übrigen Eigenschaften theilt, gleich. Es ist daher nicht möglich, durch die chemische Untersuchung zu ermitteln, ob ein ätherisches Oel vom Tropaeolum- oder vom Lepidiumkraute abstamme.

79. Schafgarbenöl (Oleum Achilleae).

Das aromatische Wiesengewächs Achillea millefolium, die Schafgarbe, giebt meist ein blaues Oel, nur einige Varietäten dieser Pflanze liefern ein gelbgrün gefärbtes, die Wurzeln ein farbloses Destillat.

80. Tropaeolumöl (Oleum Tropaeoli).

Die Capucinerkresse, Tropaeolum majus, liefert ein Oel, welches, wie oben erwähnt wurde, vollkommen gleich mit dem Lepidinmöle ist, daher das über die Eigenschaften des letztgenannten Oeles Gesagte auch für das Tropaeolum-Oel Geltung hat.

Obwohl gewisse ätherische Oele, wie das Bittermandelöl und das Senföl, nicht als solche in den Pflanzen fertig gebildet vorkommen, sondern erst in Folge von Spaltungsprocessen entstehen, so müssen wir sie doch bestimmt als ätherische Oele betrachten. In der Industrie geht man mit der Bezeichnung ätherische Oele noch viel weiter, indem man eine große Reihe von Kohlenwasserstoff-Verbindungen, welche Producte der trockenen Destillation sind, hieher rechnet. Wenn man mit dieser Bezeichnungsweise consequent vorwärts schreiten wollte, so müßte man auch den dickflüssigen schwarzgefärbten Theil des Steinkohlentheers zu den ätherischen Oelen rechnen und würde das in dem Theere enthaltene Paraffin zu den starren ätherischen Oelen oder Campherarten gezählt werden müssen.

Von jenen Producten, welche durch trockene Destillation entstehen und in gewissem Sinne zu den ätherischen Oelen gerechnet werden können, wollen wir hier nur das Bernstein-, Copal-, Kade- und das sogenannte ätherische Thieröl erwähnen.

81. Bernsteinöl (Oleum succini).

Dieser flüchtige Kohlenwasserstoff wird erhalten, wenn man das fossil vorkommende Bernsteinharz der trockenen Destillation unterwirft, das heißt, bei Luftabschluß erhitzt. Je nach dem angewendeten Hitzegrad erhält man eine größere oder geringere Ausbeute an flüchtigem Oel, welches sich ganz besonders durch die Eigenschaft auszeichnet, Bernstein, der sonst nur sehr schwierig löslich zu machen ist, aufzulösen.

Es findet daher dieses Oel in der Lackfabrikation eine bedeutende Anwendung und stellen sich die Lackfabrikanten dasselbe häufig selbst für ihre Zwecke dar.

82. Das Copalöl (Oleum Copal).

Das Copalharz, so wie der Bernstein ein fossiles Harz, liefert genau wie dieser beim Erhitzen ein flüchtiges Oel, dem ebenfalls die Eigenschaft zukommt, Harze aufzulösen; es wird daher, sowie das Bernsteinöl zur Fabrikation von Lackfirnissen verwendet.

83. Kadeöl (Oleum empyreumaticum Juniperi).

In Südfrankreich unterwirft man das sehr harzreiche Wurzelholz einer dort heimischen Wachholderart der trockenen Destillation und nennt das sich ergebende ölige Destillat Kadeöl oder Kadéöl. Frischbereitetes Kadeöl ist von hellbrauner Farbe, riecht schwach nach Theer und schmeckt bitter und zugleich auf der Zunge brennend. Im Alter wird es dunkelbraun, fast schwarz und von unangenehmem Geruche. Das Kadeöl besteht nicht aus einer Verbindung, sondern aus einer großen Reihe von flüchtigen Kohlenwasserstoffen, wie sie sich gewöhnlich bei trockenen Destillationen bilden, und wird sehr häufig mittelst Holztheer verfälscht.

84. Thieröl (Oleum animale).

Dieses Oel wird durch trockene Destillation von Knochen-, Haut-, Fleisch- und Blutabfällen gewonnen. Das erste Destillat besteht aus Theerwasser und einem stinkenden schwarzen Theer. Letzterer wird einer oftmaligen Rectification unterzogen und liefert endlich ein wasserhelles Oel, welches sehr unangenehm riecht, dünnflüssig und an der Luft so veränderlich ist, daß es in kurzer Zeit braun wird. Durch Schütteln des zweiten oder dritten Destillates mit Salzsäure werden diese sehr leicht oxydirbaren Stoffe zerstört und geben dann bei der Rectification ein farbloses Oel, welches nicht so rasch gelb wird.

Das sogenannte Dippel'sche Oel ist ätherisches Thieröl, welches aber nicht so weit rectificirt wurde, bis es farblos wird, sondern eine meist ziemlich dunkle braune Farbe beibehält. Durch Behandeln dieses Oeles mit Salpetersäure erhält man eine Flüssigkeit, welche Thierfaser (Schafwolle) in unbestimmten braunen Tönen färbt und wegen dieser Eigenschaft in der Färberei Anwendung findet.

An die hier aufgezählten ätherischen Oele, welche Producte der trockenen Destillation sind, reiht sich naturgemäß jenes an, welches gegenwärtig unter dem Namen Naphta, Steinöl, Erdöl oder Petroleum eine so ausgedehnte Verwendung zu industriellen Zwecken findet.

85. Steinöl (Oleum petrae),

wahrscheinlich entstanden durch sehr langsame trockene Destillation des Holzes fossiler Bäume, die wir gegenwärtig als Steinkohle vorfinden, ist ein Gemisch vieler flüchtiger Kohlenwasserstoff-Verbindungen. Die flüchtigsten derselben bilden den sogenannten Petroleumäther, welcher, wie wiederholt erwähnt wurde, wegen seines hohen Lösungsvermögens für andere ätherische Oele in der Fabrikation der ätherischen Oele eine so bedeutende Rolle spielt, daß es uns nicht unwahrscheinlich dünkt, daß die Extraction der ätherischen Oele mittelst Petroleumäthers in der Zukunft die meisten anderen Darstellungs-Methoden gänzlich verdrängen werde.

XX.

Die Verfälschungen der ätherischen Oele.

Viele ätherische Oele, namentlich jene, welche sich nur in sehr geringen Mengen in den Blüthen vorfinden, sind außerordentlich kostbare Stoffe und werden zu ungemein hohen Preisen in den Handel gesetzt; doch sind auch jene ätherischen Oele, die man in größeren Mengen in den Pflanzen vorfindet, deren Cultur leicht und in den gemäßigten Klimaten möglich ist, wie das Anisöl, Kümmelöl und andere sehr hoch im Preise gehalten. Dieser Umstand, die Thatsache, daß wir über sehr viele ätherische Oele bis nun sehr wenig in Bezug auf ihre inneren Eigenschaften wissen, und endlich die unbestreitbare Aehnlichkeit, welche viele derselben untereinander besitzen, sind Factoren, welche leider dazu angethan sind, den Fälschern in die Hände zu arbeiten und ihnen ihr unsauberes Geschäft zu erleichtern.

In der That wird auch kaum bei anderen chemischen Producten die Fälschung in so ausgedehntem Maße und auf so freche Weise geübt, wie gerade bei den ätherischen Oelen. Viele derselben sind im günstigsten Falle mit einer großen Menge ähnlich riechender billiger Oele oder anderen schwierig nachweisbaren Körpern vermengt; nicht selten kommt es vor, daß ein billigeres Oel unter dem Namen eines kostbaren verkauft wird — ja selbst diese schon als Fälschung zu betrachtenden Oele — da sie unter fremden Namen gehen, sind oft mit noch billigeren vermengt.

Unter solchen Umständen erscheint es in einem Werke

wie das vorliegende, dringend geboten, alle Mittel anzugeben, welche die Wissenschaft überhaupt kennt, um die Echtheit eines ätherischen Oeles, sowie eine etwaige Verfälschung derselben mit Sicherheit zu ermitteln, indem sich nur durch die genaue Kenntniß dieser Mittel der Käufer und Händler vor Betrug, eventuell vor nachtheiligem Geschäftsrufe zu wahren vermögen.

Daß der Nachweis der Fälschung oft mit den größten Schwierigkeiten verbunden sein wird, ist schon aus der Schilderung der allgemeinen Eigenschaften der ätherischen Oele selbst zu entnehmen, indem nicht nur sehr viele derselben identisch in Bezug auf ihre chemische Zusammensetzung sind, wie beispielsweise das Terpentinöl mit vielen kostbaren Oelen genau die gleiche Zusammensetzung besitzt, sondern auch sonst sich in ihren übrigen Eigenschaften sehr nahe stehen.

Die physikalischen Eigenschaften, wie die Dichte, der Siedepunkt und Erstarrungspunkt, welche bei vielen Körpern sehr constante Größen bilden, lassen den Forscher gerade bei den ätherischen Oelen nur zu oft im Stiche; die Dichten schwanken zwischen sehr weiten Grenzen, die Siedepunkte variiren oft bei einem und demselben Oele je nach seiner Abstammung und Alter um 20 bis 30 Grade, so daß diese sonst so constanten Eigenschaften keine bestimmten Anhaltspunkte für die Ermittelung der Reinheit der ätherischen Oele geben können.

Daß Dichte und Siedepunkt bei den ätherischen Oelen sehr schwankende Größen sind, ist leicht aus dem Umstande zu entnehmen, daß sehr viele ätherische Oele nicht aus einer Verbindung bestehen, sondern meistens aus zweien zusammengesetzt sind, die in einem Oele in wechselnden Mengen vorhanden sind.

Obschon nun diese physikalischen Eigenschaften keine festen Anhaltspunkte gewähren, so können sie dennoch für die Prüfung der ätherischen Oele nutzbar gemacht werden, indem sie wenigstens Maximal- und Minimalgrenzen angeben, innerhalb welcher sich Dichte und Siedepunkt bewegen dürfen, ohne daß das betreffende ätherische Oel gerade gefälscht sein muß, und lassen wir deshalb eine Tabelle folgen, in welcher die physikalischen Eigenschaften der Oele, als Dichte, Siedepunkt und Erstarrungspunkt, mit solcher Vollständigkeit zusammengestellt wurden, als diese Zahlen überhaupt von uns und anderen auf dem Gebiete der ätherischen Oele thätigen Chemikern ermittelt worden sind.

Die zur Verfälschung der ätherischen Oele verwendeten Körper sind sehr mannigfaltige. Vom Standpunkte des Fälschers aus erscheint es am rationellsten, ätherische Oele wieder mit ätherischen Oelen zu fälschen und zwar aus den vorerwähnten Gründen, denen zu Folge gerade diese Fälschung am schwierigsten nachweisbar ist.

Neben den ätherischen Oelen verwendet man aber auch fette Oele, Weingeist, Chloroform, Paraffin, Walrath und Wachs und benützt bei verschiedenen ätherischen Oelen jene der genannten Stoffe, welche gerade geeignet erscheinen, um gleichsam hinter dem Oele zu verschwinden und dasselbe in Bezug auf seine specifischen Eigenschaften möglichst wenig zu verändern. Wir werden nachträglich auf die Erkennung dieser zur Verfälschung der ätherischen Oele zurückkommen, und wenden uns vorerst an die Mittel, welche man kennt, um die physikalischen Eigenschaften der Dichte und des Siedepunktes zu ermitteln.

Es sei hier erwähnt, daß vielen ätherischen Oelen, welche dünnflüssig sind, ein gewisses besonderes Verhalten gegen das Licht zukommt; welches mit der wissenschaftlichen Benennung als Drehung der Polarisations-Ebene bezeichnet wird, und welches bei weiteren Studien hierüber auch gewiß als ein sehr brauchbares Mittel zur Prüfung der Oele angewendet werden wird. Gegenwärtig kennt man das Verhalten der Oele im polarisirten Lichte noch zu wenig und ist auch zur Prüfung ein zu kostspieliger und umständlicher Apparat nothwendig, als daß man dieselbe in der Praxis anwenden könnte.

Die Dichtenbestimmung der ätherischen Oele.

Die Dichtenbestimmung der ätherischen Oele, das heißt die Ermittelung des Gewichtes, welches ein Volumen Oel im Vergleiche mit dem gleichen Volumen Wasser besitzt, kann auf zweierlei Weise vorgenommen werden, je nachdem man es mit dünnflüssigen oder dickflüssigen Oelen zu thun hat, welch' letztere eine besondere Behandlungsweise nothwendig machen.

Bei ätherischen Oelen, welche genügende Dünnflüssigkeit besitzen, verwendet man allgemein das Piknometer als bequemstes Instrument zur Dichtenbestimmung, welches aber den Besitz einer feinen Wage, welche mindestens bis auf ein Tausendstel Gramm genau wiegen muß, voraussetzt. Das Piknometer besteht aus einem gläsernen Fläschchen (Fig. 21), in dessen Hals eine sehr enge Glasröhre, ein Stück einer Thermometerröhre, eingeschliffen ist.

Fig. 21.

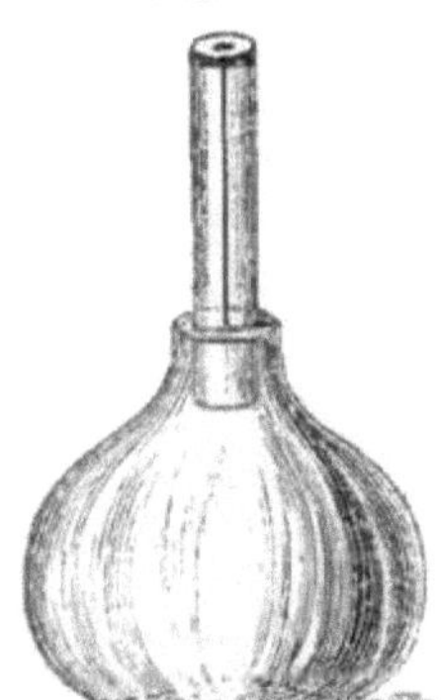

Um mit dem Piknometer zu arbeiten, füllt man es vorerst genau bis zum Rande mit destillirtem Wasser, und läßt die Glasröhre allmälig in den Hals des Fläschchens einsinken; der Ueberschuß des Wassers tritt durch das enge

Rohr nach oben, fließt über den Rand des Rohres hinab und wird mittelst Löschpapier vollständig weggenommen, so daß das Fläschchen außen ganz trocken erscheint. Man hat nun das Fläschchen ganz mit Wasser gefüllt und bestimmt sein Gewicht auf das genaueste. Bei dieser Gewichts-Bestimmung hat man die Temperatur zu beachten; da bekanntlich die Wärme die Flüssigkeiten ausdehnt, so wird, wenn die Wägung bei höherer Temperatur vorgenommen wird, das Fläschchen mit dem Wasser weniger wiegen, als wenn man die Wägung bei niederer Temperatur vornimmt.

Wenn man die Wägung des Fläschchens bei verschiedenen Temperaturen vornimmt, so ist es zweckmäßig, die hiebei gefundenen Gewichte zu notiren, da sich diese Zahlen bei späteren Bestimmungen bei gleichen Temperaturen gut verwerthen lassen. Am geeignetsten ist es, die Wägungen bei einer Temperatur von 15 Graden Celsius vorzunehmen, da dies der Wärmegrad ist, welchen unsere Wohnräume gewöhnlich besitzen.

Nachdem man das Fläschchen mit dem Wasser gewogen hat, entleert man es, trocknet es vollkommen aus und füllt es ganz auf dieselbe Art, wie es mit Wasser gefüllt wurde, mit dem ätherischen Oele, dessen Dichte zu bestimmen ist. Die Wägung des mit dem Oele gefüllten Fläschchens ergiebt nunmehr entweder ein geringeres Gewicht, als die Wägung des mit Wasser gefüllten Fläschchens; in diesem Falle ist das Oel specifisch leichter als Wasser, oder sie ergiebt ein größeres Gewicht, und dann ist das Oel dichter als Wasser.

Man dividirt nun die durch Wägung des mit Oel gefüllten Fläschchens ermittelte Zahl durch jene, welche man durch Wägung des mit Wasser gefüllten gefunden hat; der Quotient, welchen man bei dieser Division erhält, ist jene Zahl, welche die Dichte des Oeles bei der entsprechenden Temperatur besitzt.

Die Dichte eines ätherischen Oeles, welches von dünnflüssiger Beschaffenheit ist, kann auf die Weise ermittelt werden, daß man an die kürzere Wagschale der hydrostatischen Wage (vergl. Fig. 22) mittelst eines feinen Platindrahtes einen thränenförmigen Glaskörper hängt, das Gewicht desselben ermittelt, wenn es im reinen destillirten Wasser von 15 Graden Celsius hängt, sodann ein kleines mit dem zu untersuchenden Oel gefülltes Gefäß untersetzt, in welches der Glaskörper eingesenkt wird, und abermals wägt. Das Gewicht des in das Oel getauchten Glaskörpers dividirt durch jenes, welches derselbe in Wasser getaucht besitzt, giebt wieder die Dichte des ätherischen Oeles an.

Bei ätherischen Oelen von dickflüssiger oder gar fester Consistenz ist die Bestimmung der Dichte derselben weder mittelst des Piknometers noch des Glastropfens möglich. Wir wenden zu diesem Zwecke die hydrostatische Wage an und haben die Operation nach unseren Erfahrungen entsprechend modificirt.

Die hydrostatische Wage (Figur 22) besteht aus einer gewöhnlichen genauen Wage, deren eine Schale an kürzeren Stangen aufgehängt ist und an der Unterseite einen kleinen Haken trägt, an welchem mittelst eines sehr dünnen Platindrahtes eine Spirale aus etwas stärkerem Platindrahte befestigt ist, die in Wasser taucht.

Um mittelst dieses Apparates die Dichte eines zähflüssigen oder festen ätherischen Oeles zu ermitteln, nimmt man ein Uhrglas, bestimmt dessen Gewicht ganz genau, wenn es auf der kürzeren Schale und wenn es auf der in

Wasser getauchten Platinspirale liegt und notirt die betreffenden Gewichte. Man setzt sodann das vollkommen getrocknete Uhrglas auf die kürzere Schale der Wage, nachdem man auf dasselbe eine kleine Menge — einige Gramme — des zu prüfenden Oeles gebracht hat, bestimmt das

Fig. 22.

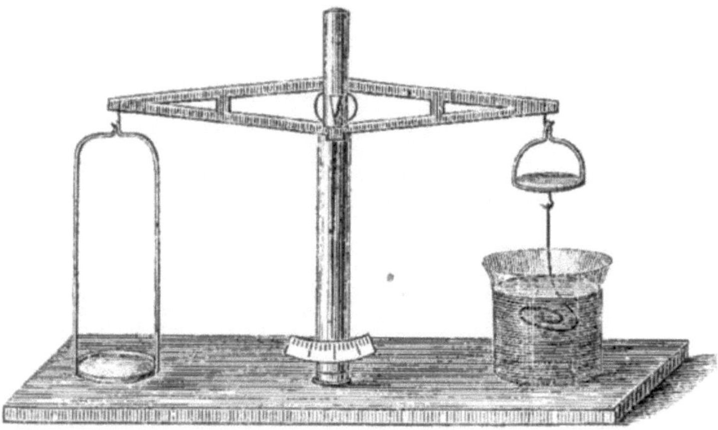

Gewicht des Oeles, setzt sodann das Uhrglas mit dem Oele auf die Platinspirale und bestimmt das Gewicht des Oeles im Wasser. *Das Gewicht des Oeles im Wasser, dividirt durch sein Gewicht in der Luft, giebt die Dichte des Oeles. Diese* Art der Dichtenbestimmung ist zwar mit einer Fehlerquelle behaftet, die darin liegt, daß die ätherischen Oele bis zu einem gewissen Grade im Wasser löslich sind, wie uns ja die Entstehung der aromatisirten Wässer bei der Destillation beweist. Wie wir aber durch directe Versuche ermittelt haben, ist diese Fehlerquelle von so geringfügigem Einflusse, daß sie die Richtigkeit der Bestimmungen selbst in den Zehntausendsteln noch nicht alterirt, da ja die Oele einfach in das ruhige Wasser bei gewöhnlicher Zimmerwärme getaucht wurden und die ganze Wägung in einigen Minuten beendet ist.

Die Bestimmung des Siedepunktes der ätherischen Oele.

Bekanntlich hängt der Siedepunkt einer Flüssigkeit nebst den besonderen Eigenschaften derselben auch von dem auf ihr lastenden Luftdrucke ab, er steigt mit dem größer werdenden Drucke und sinkt bei Abnahme desselben.

Der mit 100 Graden angenommene Siedepunkt des Wassers hat nur für das Niveau des Meeres und für einen Barometerstand von 760 Mm. Giltigkeit. An Orten, welche höher liegen als der Meeresspiegel, siedet das Wasser und alle Flüssigkeiten bei einer um so niederen Temperatur, je höher dieser Ort gelegen ist, weil ja die auf dem Wasser lastende Luftschichte eine minder hohe ist. Man wird demnach vorerst zu ermitteln haben, bei welcher Temperatur das Wasser an dem betreffenden Orte bei 760 Mm. Barometerstand siedet.

Zur Bestimmung des Siedepunktes der ätherischen Oele bedienen wir uns eines langen Thermometers, dessen Theilung bis über 300 Grade geht, bei welchem ferner jeder Grad in Zehntel getheilt ist und der Abstand zwischen zwei der letzeren Theilstriche ein so großer ist, daß man Hundertstel-Grade abschätzen kann. Dieses Thermometer senken wir mittelst eines Korkes in ein etwa 2 Cm. weites Glasrohr (Figur 23), welches durch einen passenden Träger gehalten wird und in geringer Entfernung über einem Metallschälchen frei hängt, das durch eine Gas- oder Weingeistflamme erhitzt werden kann. In das Glasrohr bringt man einige Cubik-Centimeter des zu untersuchenden Oeles und schiebt das Thermometer soweit hinab, daß die Kugel desselben einige Millimeter über dem Spiegel der Flüssigkeit schwebt, ohne diese selbst zu berühren. In den Kork, welcher das Thermometer trägt, ist ein rechtwinklig gebogenes Rohr befestigt, welches an beiden Enden offen ist.

Fig. 23.

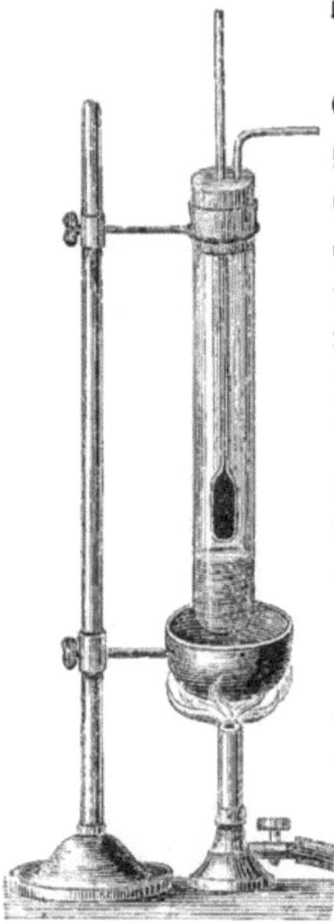

Um den Siedepunkt zu bestimmen, erhitzt man das unter dem Rohre angebrachte Schälchen so weit, bis man an der Entwickelung von Gasblasen aus dem ätherischen Oele das Eintreten des Siedepunktes erkennt. Die Flamme wird nunmehr soweit gemäßigt, daß das Sieden eben fortdauert und das Erhitzen so lange fortgesetzt, bis man an dem Stande des Quecksilbers keine größere Veränderung mehr wahrnimmt. Man notirt sodann den Stand des Thermometers, setzt aber das Kochen fort und notirt wieder von fünf zu fünf Minuten den Thermometerstand. Aus drei oder vier Beobachtungen nimmt man das arithmetische Mittel und erhält auf diese Weise den Siedepunkt des Oeles mit der größtmöglichen Schärfe.

Bei manchen dickflüssigen Oelen findet man, daß dieselben bei einem gewissen Wärmegrade anfangen durchsichtig zu werden und beim Abkühlen wieder bei einem gewissen Wärmezustande ihre Durchsichtigkeit verlieren. Bei festen Körpern tritt das Schmelzen bei einer gewissen Temperatur ein und erstarrt die Flüssigkeit wieder bei einer Temperatur, welche oft tiefer liegt als der Schmelzpunkt; alles dieses sind Verhältnisse, welche wohl berücksichtigt werden müssen, da sie oft wichtige Anhaltspunkte in Bezug auf die Reinheit eines ätherischen Oeles bieten.

Der Erstarrungspunkt der ätherischen Oele.

Die meisten ätherischen Oele erstarren beim Abkühlen auf eine gewisse Temperatur entweder vollständig oder es erstarrt nur ein Theil derselben, während ein anderer selbst bei sehr niederen Temperaturen flüssig bleibt; man nennt den ersteren Theil das Stearopten, den zweitgenannten das Elaopten oder Elaeopten. Manche ätherische Oele erstarren schon bei verhältnißmäßig hohen Temperaturen, wie das Fenchel-, Anis- und Rosenöl, andere hingegen erstarren selbst bei sehr bedeutender Abkühlung gar nicht, oder nur theilweise.

Um den Erstarrungspunkt von Oelen, welche erst bei niederer Temperatur fest werden, zu ermitteln, bedient man sich der Kältemischungen, welche man aus zerstoßenem Eis, und Kochsalz, Chlorcalcium oder Ammonium-Nitrat bereitet. Die Kältemischung wird in einem größeren Gefäße bereitet und in das Gemisch ein hohes dünnwandiges Glasgefäß eingesetzt, in das man mittelst Fäden ein Röhrchen mit dem betreffenden Oele und ein mit gefärbtem Weingeist gefülltes Thermometer einsenkt; von Zeit zu Zeit hebt man das Röhrchen aus dem Gefäße, um nachzusehen, ob schon eine Ausscheidung von Krystallen oder vollständiges Erstarren eintritt und notirt die Temperaturen, welche das Thermometer in jenem Zeitpunkte anzeigt, in welchem diese Erscheinungen eintreten.

Wenn man an vollkommen reinen Oelen die vorgenannten Bestimmungen vornimmt, so kann man es bald dahin bringen, schon durch Vergleichung der Resultate in vielen Fällen zu erkennen, ob man in einem zu kaufenden Oele ein reines oder gefälschtes Product vor sich hat.

Tabelle

über die Dichten, Siedepunkte, Erstarrungspunkte und chemische Zusammensetzung reiner ätherischer Oele.

(Die doppelten Zahlen geben die Grenzen an, innerhalb welcher die betreffenden Werthe schwanken.)

Oele von	Dichte bei 15 Graden Celsius	Siedepunkt in Graden Celsius	Erstarrungspunkt in Gr. Cels.	Chemische Zusammensetzung
Anis	0,977—0,991	205	6—20	$C_{10}H_{12}O$
(Anis-Stearopten)	1,044	220	16—20	$C_{10}H_{12}O$
Baldrian	0,940—0,960	200	—	$C_5H_{10}O_2$ Valeriansäure $C_6H_{10}O$ Valerol $C_{10}H_{16}$ Valeren
Bergamotten	0,856—0,888	185—193	—2½	$C_{10}H_{16}$
Bernstein	0,840—0,940	160—260	?	$C_{10}H_{16}$
Bittermandeln	1,0430	—	—	C_7H_6O
(Nitrobenzol)	—	213	—3	$C_6H_5NO_2$
Brunnenkresse	—	261	?	C_9H_9N
Cajaput	0,897—0,978	173—175	?	$C_{10}H_{18}O$
Calmus	0,890—0,950	212	?	?
Campher von China	0,985—0,996	204	175	$C_{10}H_{16}O$
Campher von Borneo	?	212—220	198	$C_{10}H_{18}O$
Camillen (blaues)	0,924	105—295	6	$C_{10}H_{16}O$
Camillen (grünes)	?	160—210	?	$C_5H_8O_2$
Cederholz	?	264	—22	—
Cederholz	0,9622	271	27	$C_{15}H_{24}$
(Cederholz-Stearopten)	—	—	—	$C_{15}H_{26}O$
Citronen	0,850	167—173	—20	$C_{10}H_{16}$
Citronella	0,8741	200	?	?
Cochlearia	?	158—165	?	C_5H_9SN
Copaiva	0,880—0,885	245	?	$C_{10}H_{16}$
Coriander	0,859	150	?	$C_{10}H_{18}O$
Cubeben	0,920—0,936	250—260	?	$C_{18}H_{24}$
Cubeben-Stearopten	?	150—155	69	$C_{15}H_{26}O$
Cumarin	—	290	67	$C_9H_6O_2$
Dill	0,8922	173	—	$C_{10}H_{16}$
Dragonkraut	0,9356	200—206	—	$C_{10}H_{12}O$
Fenchel	0,940—0,997	185—190	4—18	$C_{10}H_{16}$
Geranium	0,887—0,910	210—240	—15	$C_{10}H_{18}$
Hopfen	0,908—0,910	125—300	—17	$C_{10}H_{16}$ und $C_{10}H_{18}O$
Ingwer	?	246	—	$C_{80}H_{138}O_5$ (?)
Knoblauch	—	140	—	$(C_3H_5)_2S$
Krauseminze	0,890—0,960	—	—	—
Kümmel	0,900—0,960	175—230	—	$C_{10}H_{16}$ Carven $C_{10}H_{14}O$ Carvol
Kümmel römischer	0,975	170—230	—	$C_{14}H_{14}$ Cymol
	0,973	220	—	C_7H_{60} Cuminol
Lavendel	0,876—0,880			—
(Spiklavendel)	—	140	?	—
Limette	—	—	—	$C_{10}H_{16}$
Lorbeer	0.914	170	12	$C_{10}H_{16}O$
Macis	0,870—0,930	—	—	$C_{10}H_{16}$
Majoran	0,890—0,910	163	—15	—
Muscatnuß	0,920—0,948	—	—	—

Oele von	Dichte bei 15 Graden Celsius	Siedepunkt in Graden Celsius	Erstarrungspunkt in Gr. Cels.	Chemische Zusammensetzung
Muscat-Stearopten	—	—	—	$C_{10}H_{20}O_3$
Münze, grüne	0,9515	225	—	$C_{10}H_{14}O$
Myrrhe	1,019	—	—	$C_{10}H_{14}O$
Nelkengewürz	1,030—1,080	250	—20	$C_{10}H_{12}O_2$
Orangenblüthen (Neroli)	0,819	—	—16	—
Orangenschalen	0,836—0,890	150	—	$C_{10}H_{16}$
Patschuli	0,959—1,012	282—294	—	$C_{15}H_{24}$
Patschuli-Stearopten	1,051	296	54—55	$C_{15}H_{28}O$
Petersilien	1,015—1,044	160—170	2—8	$C_{10}H_{16}$
Petersilien-Campher	—	300	30	$C_{12}H_{14}O_4$
Pfeffer	0,993	167—170	—	$C_{10}H_{16}$
Pfeffermünze	0,900—0,920	188—193	—	—
Pfeffermünze-Campher	—	208	36	$C_{10}H_{20}O$
Raute	0,8295	225—226	5—6	$C_{11}H_{22}O$
Rosen	0,832	222	14—20	
Rosen-Stearopten	—	280—300	35	C_8H_{16}
Rosenholz	?	249	?	$C_{10}H_{16}$
Rosmarin	0,885—0,887	166—168	27—30	?
Sabina	0.870—0,940	155—160	2	$C_{10}H_{16}$
Salbei	0,860—9,920	130—160	2	$C_{12}H_{20}O$ $C_9H_{15}O$
Santalholz	0,975	293	?	?
Sassafras	1,070—1,090	—	—	$C_{10}H_{16}$
Sassafras-Stearopten	1,114	231—232	—	$C_{10}H_{10}O_2$
Sellerie	0,881		—	—
Senf	1,010	148	—	C_4H_5NS
Spirea	1,173	196,5	—20	$C_7H_6O_2$
Sternanis	0,982	?	2—0	$C_{10}H_{12}O_2$
Terpentin	0,850—0,890	160—180	—	$C_{10}H_{16}$
Terpentin-Stearopten	—	150—155	103	$C_{10}H_{20}O_2$
Thymian	—	150—235 230	— 44	$C_{10}H_{16}$ Thymen $C_{10}H_{14}O$ Thymol
Vanille	—	150	76	—
Veilchenwurzel	—	—	—	$C_8H_{16}O_2$
Vetiver	—	286	—	?
Wachholder	0,850—0,880	150—182	—	$C_{10}H_{16}$
Wermuth	0,900—0,960	180—205	—	$C_{10}H_{16}O$
Weihrauch	?	162	—	?
Wintergrün	1,142 1,180	200—222 222	— —	$C_{10}H_{16}$ Gaultherilin $C_8H_8O_3$ Methylsalicylsäure
Ylang-Ylang	0,980	160—300	?	?
Ysop	0,889			—
Zimmtöl (echtes)	1,005—1,050	—	—25	?
Zimmt-Cassia	1,030—1,090	225	—	C_9H_8O
Zimmt-Blätter	1,050	?	—	?

XXI.

Chemisch-technische Prüfung der ätherischen Oele auf ihre Reinheit.

Um ätherische Oele auf ihre Reinheit zu prüfen, eventuell Verfälschungen qualitativ und in manchen Fällen sogar in Bezug auf ihre Mengen nachzuweisen, existiren sehr verschiedene Untersuchungsmethoden, welche aber in den meisten Fällen vollkommene Bekanntschaft mit der analytischen Chemie und selbst dann noch eine große Gewandtheit in analytischen Arbeiten voraussetzen. So werthvoll auch diese Methoden für den Chemiker von Fach sind, so sind sie es doch nicht im gleichen Maße für den Fabrikanten oder Kaufmann. Wie uns vielfache Erfahrung gelehrt hat, wenden diese nur solche Proben an, welche sich leicht und rasch durchführen lassen und ein deutlich erkennbares Resultat geben; wir haben uns daher bemüht, unter den vielen Prüfungsarten der ätherischen Oele jene besonders auszuwählen, welche diesen Anforderungen genügen und haben die Untersuchungsmethoden in zwei Hauptgruppen getheilt und zwar in jene, durch welche ein Nachweis von Verfälschungen im Allgemeinen möglich ist, und in jene, welche sich auf die einzelnen Oelgattungen selbst erstrecken und glauben hierdurch den Anforderungen der Praxis vollständig Genüge geleistet und dem Praktiker ausreichende Anleitung geboten zu haben, um die betreffenden Untersuchungen mit Erfolg selbst ausführen zu können.

In wichtigen Fällen, in denen das Resultat der Untersuchung über mehr als über die Frage zu entscheiden hat, ob man das betreffende Oel kaufen soll oder nicht, wird es immer gerathen erscheinen, eine Probe desselben einem tüchtigen Chemiker zur analytischen Prüfung zu übergeben, indem, wie erwähnt, zur Durchführung derselben sehr umfassende wissenschaftliche Kenntnisse nothwendig sind. Die vorhergehend angeführte ausführliche Tabelle über die Dichten und Siedepunkte wird dem Praktiker schon bedeutende Anhaltspunkte gewähren.

Nachweis von Verfälschungen im Allgemeinen.

Die Verfälschungen im Allgemeinen erstrecken sich auf Beimengungen von fetten Oelen, von Alkohol, Chloroform, Terpentinöl, von Paraffin oder Wachs, eventuell auch von Walrath (Spermacet).

Um diese roheren Verfälschungen, sowie auch die oft sehr schwierig nachweisbaren mit anderen ätherischen Oelen mit Sicherheit nachzuweisen, empfehlen wir auf das dringendste, die Prüfung immer auf die Weise vorzunehmen, daß man gleichzeitig mit dem zu untersuchenden Oele der Probe ein solches unterwirft, über dessen Echtheit man keinen Zweifel hat; die Vergleichung der beiderseitigen Resultate bietet oft den einzigen Entscheid über die Echtheit oder das Verfälschtsein eines ätherischen Oeles.

Nachweis von fetten Oelen.

Diese plumpste aller Verfälschungen kann man ohne besondere Schwierigkeiten erkennen. Die Prüfung gründet sich darauf, daß fast alle ätherischen Oele in starkem Weingeist löslich sind, den fetten Oelen aber diese Eigenschaft nicht zukommt. Nur das Ricinusöl macht davon eine

Ausnahme; es ist in Alkohol löslich und wird darum am häufigsten zur Verfälschung von ätherischen Oelen angewendet.

Um fettes Oel nachzuweisen, läßt man vorerst einige Tropfen von dem ätherischen Oele auf ein Blatt Papier fallen, auf welchem es Flecken hervorbringt, welche den Fettflecken ganz gleichen. Man legt das Papier in eine kleine Porzellanschale, die auf einer größeren sitzt, in der Wasser siedet: war das Oel rein, so verdunstet es in den meisten Fällen vollständig, das Papier zeigt keinen durchscheinenden Fleck mehr. Bei alten Oelen bleibt nicht selten dennoch ein durchscheinender Fleck zurück, ohne daß das Oel gefälscht wurde, der von dem Harze herrührt, welches sich durch Sauerstoffaufnahme gebildet hat und in dem Oele gelöst bleibt. In diesem Falle entsteht meistens ein durchscheinender Ring auf dem Papiere, indem sich das Harz an den Rändern des Oelfleckens zusammenzieht.

Giebt diese Vorprüfung kein greifbares Resultat, so gießt man einige Cubikcentimeter des Oeles auf ein Uhrglas und erwärmt dieses auf einem Bleche sehr langsam und so lange, bis der Geruch verschwunden ist. Erscheint das Glasschälchen nach einiger Zeit leer, so war nur ätherisches Oel zugegen; bleibt ein zäher Rückstand, so kann dieser aus fettem Oel oder Harz oder auch aus beiden bestehen.

Man behandelt den Rückstand mit starkem Alkohol; löst er sich, so kann Harz oder Ricinusöl da sein. Man verdünnt die Lösung mit viel Wasser: eine weiße flockige Trübung deutet auf Harz, die Ausscheidung einer öligen Flüssigkeit nach längerem Stehen auf Ricinusöl; bleibt er ungelöst, so besteht er aus irgend einem fetten Oele, gewöhnlich aus Oliven- oder Mandelöl.

Ricinusöl läßt sich dadurch noch mit voller Sicherheit

nachweisen, daß man den Rückstand aus dem Uhrglase mittelst eines Glasstabes in eine Proberöhre bringt und dann mit einigen Tropfen Salpetersäure versetzt. Es erfolgt eine heftige Gasentwickelung, nach deren Aufhören man so lange Sodalösung zufügt, als noch Aufbrausen entsteht. War das zugesetzte fette Oel in der That Ricinusöl, so zeigt der Inhalt der Proberöhre einen sehr eigenthümlichen Geruch, der von der durch Einwirkung der Salpetersäure auf das Ricinusöl entstandenen Oenanthsäure bedingt wird.

Nachweis von Alkohol oder Weingeist.

Größere Mengen von Weingeist in einem ätherischen Oele lassen sich leicht erkennen; geringe, die nur einige Procente betragen, sind jedoch nur schwierig zu ermitteln. Um größere Mengen von Alkohol zu erkennen, destillirt man eine Partie des Oeles in einem ganz kleinen gläsernen Destillirapparate, dessen Retorte in Wasser gesenkt ist und höchstens auf 70 bis 80 Grade erwärmt wird. Man kann auf diese Weise den Alkohol vollständig abdestilliren und schon durch den Geruch erkennen. Oele, welche mit großen Mengen von Alkohol versetzt sind, zeigen übrigens sehr verschiedene Gewichte von jenen, welche sie sonst haben, ein Verhalten, welches freilich bei vielen Oelen gar nichts anzeigt, da die Gewichte dieser auch bei vollkommener Reinheit des Oeles große Schwankungen zeigen.

Eine sehr praktische Probe, um rasch größere Alkoholmengen nachzuweisen, ist die nachfolgend angegebene: Man nimmt einen in 100 Cubikcentimeter graduirten Cylinder (umstehende Figur 24) und füllt denselben bis zur Marke 10 mit dem zu untersuchenden Oele, auf welches man Wasser gießt, bis dieses bis zur Marke 50 reicht. Oel und Wasser werden nun tüchtig durchschüttelt und der Cylinder sodann so lange ruhig hingestellt, bis sich beide Flüssigkeiten geschieden haben. Hat sich das Volumen des Oeles vermindert, so ist dies ein Beweis, daß es Alkohol enthalten hat.

Fig. 24.

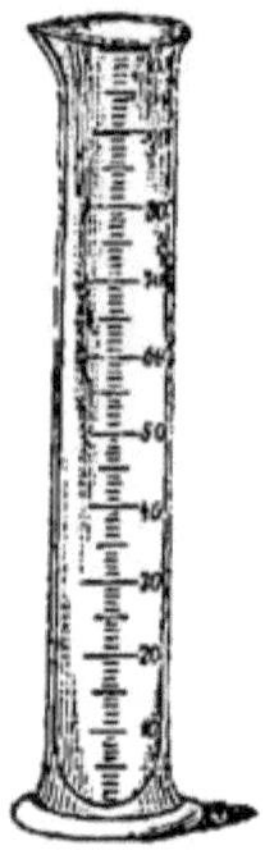

Mischt man nämlich ein ätherisches Oel mit Weingeist und fügt Wasser zu dem Gemisch, so trennt sich der Weingeist von dem Oele und tritt an das Wasser; die ölige Flüssigkeit wird weniger. Die Verringerung des Oelquantums gestattet auch einen, wenigstens annähernden Schluß auf die Menge des zugesetzten Weingeistes; reicht das Oel nach dem Schütteln nur bis zum Theilstrich 8,5, so enthielten 10 Cubik-Centimeter Oel 1,5 Cubik-Cm. Wasser, folglich 100 Cubik-Cm. 15 Cubik-Cm. oder 15 Percent.

Wenn es sich darum handelt, verhältnißmäßig ganz kleine Zusätze von Alkohol, 3 oder auch nur 2 Percent wie solche bei kostbaren Oelen auch vorkommen, nachzuweisen, so läßt sich hierzu ein sehr sinnreiches Verfahren verwenden, welches von A. Oberdörffer angegeben wurde. Der sogenannte Platinmohr, das ist Platinmetall in Form eines ungemein zarten, sammtschwarz erscheinenden Pulvers, besitzt die Eigenschaft, Alkoholdämpfe rasch in Essigsäure überzuführen. Da nun Essigsäure schon durch den Geruch selbst, wie auch durch ihre saueren Eigenschaften leichter zu erkennen ist, als Alkohol, so läßt sich auf diese Weise leicht ein ganz kleiner Alkoholzusatz nachweisen.

Wir führen die Probe auf folgende Weise aus: Auf eine Porzellan-Untertasse werden drei Stücke eines Glasrohres gelegt und auf diese ein gewöhnliches Uhrglas gesetzt, dessen tiefster Punkt einige Millimeter über der Porzellanfläche stehen soll. Auf die Untertasse gießt man von dem zu untersuchenden Oele und zwar nimmt man zweckmäßig 10 oder 20 Gramm Oel. Auf dem Uhrglase wird Platinmohr ausgebreitet, etwa so viel von dem Pulver als eine Erbse groß, genügt vollkommen. Ueber die Untertasse stülpt man eine kleine Glasglocke und überläßt das ganze 24 Stunden lang sich selbst.

Nach Verlauf dieser Zeit kann man annehmen, daß aller Alkohol in Dampf übergegangen und in Essigsäure verwandelt wurde, welche sich dem Platinmohre anhaftend vorfinden muß. Man hebt das Schälchen mit dem Platinmohr ab, spült letzteren mit möglichst wenig destillirtem Wasser in ein Proberöhrchen und setzt der Flüssigkeit ein Stückchen blaues Lackmuspapier zu; wird dieses roth, so war Alkohol dem Oele beigemengt, bleibt es blau, so war das Oel nicht mit Alkohol gefälscht.

Wenn man den Platinmohr wiederholt mit Wasser auswäscht, so erhält man alle vorhandene Essigsäure und kann diese durch das sogenannte Titrirverfahren (durch Sättigen mit einer Natronlauge von bestimmtem Natrongehalt) auf einfache Art sehr genau bestimmen.

Man hat außer den erwähnten noch eine ganze Reihe von Methoden vorgeschlagen, um Alkohol in ätherischen Oelen nachzuweisen und eignen sich diese Methoden für manche Oele sehr gut. Da sie aber bei gewissen Oelen fehlerhafte Anzeigen geben (namentlich wenn die Oele Säuren enthalten) und hierdurch leicht Täuschungen stattfinden können, so haben wir uns auf die vorerwähnten Proben beschränkt, welche für alle ätherischen Oele anwendbar sind.

Nachweis von Chloroform.

Um Chloroform qualitativ nachweisen zu können, läßt sich folgendes einfache Verfahren anwenden. Man bringt das zu untersuchende Oel in einen ganz kleinen Glaskolben, an dem man ein rechtwinklig gebogenes Glasrohr befestigt, das man an einer Stelle glühend macht und in dessen Mündung man einen feuchten Streifen Papier steckt, das mit Kleister bestrichen ist, in den Jodkalium gelöst ist. Wenn man den Inhalt des Kolbens auf etwa 70 Grad erwärmt, so verdampft alles Chloroform ganz sicher und giebt sich dessen Anwesenheit dadurch zu erkennen, daß der ursprünglich weiße Streifen von Jodkaliumpapier blau wird.

Die Dämpfe des Chloroforms werden nämlich beim Passiren der glühenden Rohrstelle zersetzt und entsteht freies Chlor, welches aus dem Jodkalium Jod ausscheidet. Letzteres hat aber die Eigenschaft, in freiem Zustande Stärkekleister blau zu färben. — Um Chloroform quantitativ nachzuweisen, bedarf es einer ziemlich umständlichen chemischen Analyse.

Nachweis von Terpentinöl.

Das Terpentinöl, und zwar das höchst rectificirte, wasserhelle Terpentinöl, welches einen gar nicht unangenehmen Geruch besitzt, wird sehr häufig zum Fälschen von anderen ätherischen Oelen angewendet. Es ist nun schwierig, dieses Oel mit voller Sicherheit nachzuweisen. Am sichersten gelangt man dabei nach unserer Meinung zum Ziele, wenn man sich der Eigenschaft des Terpentinöles bedient, in Alkohol leichter löslich zu sein, als die Mehrzahl der anderen ätherischen Oele.

Um diese Probe auszuführen, nehmen wir gewöhnlich 10 Gramm des Oeles und schütteln sie mit etwa 40 Gramm von sehr starkem (90percentigem) Alkohol durch einige Minuten auf das kräftigste. Sobald sich die Flüssigkeiten wieder in zwei Schichten getrennt haben, gießt man die obere, welche die alkoholische Lösung des Terpentinöles ist, in eine kleine gewogene Porzellanschale, die man auf etwa 50 Grade erwärmt. Der Alkohol verdampft sehr rasch und hinterläßt das reine Terpentinöl. Hat die Schale bei der Wägung mit dem Oele um 1 Gramm zugenommen, so enthielten 10 Gramme des untersuchten Oeles 1 Gramm Terpentinöl, respective 10 Percent.

Die Fälschungen der ätherischen Oele mit Terpentinöl gehen bis in's Unglaubliche; manches sogenannte Kümmelöl des Handels ist eigentlich nichts als rectificirtes Terpentinöl, welches gerade mit so viel echtem Kümmelöl versetzt wurde, als nothwendig war, um der Flüssigkeit den charakteristischen Geruch des Kümmelöles zu verleihen.

Hat man eine etwas größere Quantität des Oeles zur Verfügung, z. B. etwa 100 Gramm, so kann man das Terpentinöl leicht durch Destillation ausscheiden, vorausgesetzt, daß der Siedepunkt des zu untersuchenden Oeles ziemlich weit von jenem des ätherischen Oeles entfernt liegt. Man erwärmt nicht weiter, als bis zu etwa 160 Graden, bei welcher Temperatur das Terpentinöl nach einigem Erhitzen vollständig überdestillirt. Hat man es mit einem Oele zu thun, welches nach der früher angegebenen Zusammenstellung schon bei einer niederen Temperatur siedet, so erwärmt man nur bis zum Siedepunkt dieses Oeles, wobei dieses destillirt, das Terpentinöl aber in der Retorte zurückbleibt.

Die sogenannte Verreibprobe hat nur für denjenigen Werth, welcher einen ausgebildeten Geruchssinn besitzt. Sie besteht darin, daß man einen Tropfen des zu untersuchenden Oeles auf einer Glasplatte verreibt; ein geübtes Geruchsorgan findet leicht das Terpentinöl durch seinen charakteristischen Geruch heraus.

Nachweis von Paraffin, Wachs und Walrath.

Die drei vorgenannten Stoffe sind bei jenen Temperaturen, bei welchen die ätherischen Oele sieden, nicht flüchtig; man kann sie daher durch Destillation ausscheiden, und bedient sich sodann der Schmelz- und Erstarrungspunkte dieser Körper, um zu ermitteln, welcher derselben vorhanden ist. Paraffin schmilzt bei 51 Graden Celsius, Wachs bei 65 und Walrath bei 45 Graden.

Andere Prüfungsmethoden.

Von verschiedenen Chemikern sind zahlreiche Proben vorgeschlagen worden, welche den Zweck haben sollen, bei jedem ätherischen Oele überhaupt erkennen zu lassen, ob das Oel echt oder verfälscht sei. Obwohl nun diese Proben für manche ätherische Oele recht charakteristisch sind, reichen sie dennoch nicht für alle derselben aus, was bei den bedeutenden Unterschieden, die sich in der chemischen Beschaffenheit der ätherischen Oele zeigt, leicht einzusehen ist.

Die Probe mit Nitroprussidkupfer.

Diese Probe dient ganz besonders dazu, sauerstofffreie Oele neben sauerstoffhältigen zu erkennen; wenn man nämlich eine sehr kleine Menge von Nitroprussidkupfer, etwa wie ein halbes Hirsekorn, mit dem zu untersuchenden Oele kocht, so zeigt sich bei sauerstoffhältigen Oelen die Flüssigkeit *dunkel gefärbt* und der Niederschlag *braun* oder *mißfarbig*. Bei sauerstofffreien Oelen bleibt die Flüssigkeit in Bezug auf ihre Farbe ungeändert, der Niederschlag ist schön *grün* oder *blau* gefärbt.

Die Jodprobe.

Beim Zusammenbringen von ätherischen Oelen mit Jod treten verschiedene Erscheinungen ein. Man führt die Probe so aus, daß man ein Jodkörnchen von der Größe eines Stecknadelkopfes mit 5 bis 6 Tropfen des Oeles auf einem Uhrglase zusammenbringt. Manche verpuffen mit dem Jod unter bedeutender Wärmeentwicklung; manche entwickeln langsam Dämpfe unter geringerer Erwärmung; manche wirken gar nicht auf Jod ein, lösen dasselbe aber meistens mehr weniger rasch.

Die Alkohol-Schwefelsäure-Probe.

Wenn man ätherisches Oel mit etwa einem Sechstel ihres Volumens mit starker Schwefelsäure schüttelt, so findet eine mehr weniger starke Erhitzung statt. Nachdem man die Flüssigkeit so lange stehen gelassen, bis sie gänzlich abgekühlt ist, fügt man das Vier- bis Fünffache an starkem Weingeist zu und mengt die Flüssigkeiten durch starkes Schütteln. Die Mischung ist dann entweder trübe oder durchsichtig, in ihrer Farbe geändert und bildet einen in kochendem Weingeist löslichen oder unlöslichen Körper.

Die Natriumprobe.

Natriummetall in sauerstofffreie Oele gebracht, bleibt unverändert und verändert auch die Oele nicht; aus sauerstoffhaltigen entwickelt es Wasserstoff; bei Gegenwart von Weingeist ist diese Entwickelung sehr stürmisch und wird das Gemisch nach kurzer Zeit ganz dunkel und zähflüssig.

Nachweis von Verfälschungen in bestimmten Oelen.

In der Praxis der Fälscher von ätherischen Oelen hat sich sozusagen eine Art von rationellem Betrieb ihres

Geschäftes ausgebildet, indem dieselben ganz besonders dahin wirken, nur solche Stoffe zur Verfälschung von ätherischen Oelen anzuwenden, welche möglichst schwierig erkannt werden können. Man wird daher wohl kaum ein Anisöl finden, welches mit Terpentinöl verfälscht wäre, indem durch diesen Zusatz der charakteristisch hoch liegende Schmelzpunkt sehr bedeutend herabgedrückt würde; ebensowenig wird man ein mit Alkohol verdünntes Rosenöl finden, da dieses hiedurch zu dünnflüssig würde.

Anisöle.

Eigentliches Anisöl erstarrt schon bei ziemlich hoher Temperatur, doch ist diese Eigenschaft nicht gerade als ein ganz untrügliches Zeichen der Güte eines Anisöles aufzufassen, indem das minder werthvolle Anisspreuöl bei noch höherer Temperatur erstarrt, als das aus Samen destillirte Product. Charakteristisch für Anisöl ist die relative Schwerlöslichkeit desselben in starkem Alkohol im Vergleiche zu anderen ätherischen Oelen; es bedarf nämlich zu seiner vollständigen Lösung etwa fünf Theile Alkohol.

Um Anisöl von Sternanisöl zu unterscheiden, welches demselben sehr ähnlich, aber werthvoller ist, als dieses, läßt sich zweckmäßig die Natriumprobe anwenden. Beide Oele entwickeln mit Natrium langsam Wasserstoffgas; bei Anisöl entsteht in einer farblosen Flüssigkeit ein weißer Niederschlag; bei Sternanisöl sind Flüssigkeit und Niederschlag gelb. Mit Jod geben Anis- und Sternanisöl bei geringerer Erwärmung wenig Dämpfe, mit Schwefelsäure und Weingeist eine über dem Oele stehende klare Flüssigkeit. Verfälscht werden beide Oele mit Paraffin oder Walrath, die man am besten durch Destillation nachweist.

Baldrianöl.

Jod übt keine Wirkung; Schwefelsäure und Alkohol geben eine ganz schwach getrübte Flüssigkeit. Baldrianöl in Schwefelkohlenstoff gelöst giebt mit Schwefelsäure und nachfolgendem Zusatz von Salpetersäure eine schön blaue Flüssigkeit.

Bergamotteöl.

Dieses Oel ist in Weingeist sehr leicht löslich und wird darum auch vielfach mit diesem, sowie mit dem Oel der Orangeschalen verfälscht. Bei Gegenwart des letzteren entsteht durch Alkohol keine klare Lösung. Jod wirkt sehr energisch auf das Oel, wobei violette Dämpfe gebildet werden. Vier Gewichtstheile Bergamotteöl, drei Gewichtstheile Alkohol und ein Gewichtstheil Salpetersäure geben nach einiger Zeit einen festen krystallisirten Körper. Natrium ist auf frisches Bergamotteöl ohne Einwirkung.

Bernsteinöl.

Weder Jod, noch Schwefelsäure und Alkohol, noch Natrium wirken auf dieses Oel ein; es löst sich schwierig in Weingeist; es sind 12 bis 16 Theile 90percentigen Weingeist erforderlich, um es ganz zu lösen.

Bittermandelöl

reagirt weder auf Jod, noch auf Schwefelsäure und Alkohol. Bei diesem Oele ist es aber besonders wichtig, dasselbe auf einen Zusatz von Nitrobenzol zu prüfen, der wegen der Aehnlichkeit im Geruche häufig zur Verfälschung des Bittermandelöles benützt wird.

Zum Nachweis von Nitrobenzol löst man 1 Gramm Bittermandelöl in 10 Gramm Weingeist, versetzt die Lösung mit 1,5 Gramm festen Aetzkali und dampft sie bis zu einem Drittel des ursprünglichen Volumens ein; reines Bittermandelöl wird hierdurch braun, bleibt aber ganz flüssig; solches, welches mit Nitrobenzol gemengt ist, giebt einen braunen, harzartigen Körper, der in der Flüssigkeit schwimmt.

Cajaputöl.

Ohne Wirkung auf Jod, Schwefelsäure und Alkohol; Natrium entwickelt nur wenig Wasserstoff.

Calmusöl.

Leicht löslich in Weingeist, 1 Theil Weingeist löst 1 Theil Calmusöl; mit Jod bildet es nach einigen Stunden eine rothgelbe, zähe Masse und entwickelt hierbei schwache, gelblich oder grau gefärbte Dämpfe.

Campher

giebt mit Jod gerieben eine braune dickflüssige Masse, ebenso mit rauchender Schwefelsäure (allein ohne Alkohol); Brom bildet mit Campher eine rothbraune, bald krystallisirende Flüssigkeit; eine Verfälschung dieses Oeles kommt überhaupt nur selten vor.

Citronenöl

wird vielfach mit Orangenschalenöl, Bergamotteöl u. s. w. verfälscht, welche Zusätze nur sehr schwierig zu erkennen sind. Reines Terpentinöl zersetzt sich unter lebhafter Verpuffung mit Jod, ebenso mit starker Salpetersäure und scheidet mit dieser ein braunes Harz ab. Die Reinheit des Oeles wird am sichersten durch den Geruchsinn ermittelt.

Copaivaöl

verpufft auf Zusatz von Salpetersäure mit großer Heftigkeit; mit Schwefelsäure erhitzt es sich stark, Natrium ist ohne Wirkung.

Corianderöl

zersetzt sich mit Jod unter Explosionserscheinung, verharzt mit Salpetersäure sehr rasch und löst sich leicht in Alkohol und Essigsäure.

Fenchelöl.

Jod reagirt sehr wenig, bildet nur wenig Dämpfe unter schwacher Erwärmung, giebt mit Weingeist und Schwefelsäure ein klares Gemisch, ist gegen Natrium indifferent.

Geraniumöl

erscheint im Handel sehr häufig schon mit Citronengrasöl verfälscht und ist gegen die angewendeten Reagentien ziemlich indifferent; mit Natrium giebt es eine schwache Gasentwickelung.

Krausemünzöl

giebt mit Jod eine schwache Reaction (Pfeffermünzöl reagirt gar nicht auf Jod), erwärmt sich mit Schwefelsäure und Alkohol nur wenig. Dieses Oel wird häufig mit rectificirtem Terpentinöl gefälscht, kann aber von diesem durch seine große Löslichkeit in Weingeist, mit dem es sich in jedem Verhältnisse mischen läßt, unterschieden werden.

Kümmelöle.

Das eigentliche Kümmelöl reagirt wenig auf Jod und giebt mit Alkohol und Schwefelsäure eine ziemlich klare Flüssigkeit. Das römische Kümmelöl aus Cuminum Cyminum verhält sich auf ähnliche Weise, läßt sich aber leicht dadurch erkennen, daß es durch Kochen mit Aetzkalilauge in Cuminsäure übergeht.

Lavendelöle.

Das echte Lavendelöl explodirt mit Jod ziemlich heftig, mit Alkohol-Schwefelsäure giebt es eine sehr schwach getrübte Lösung. Die hauptsächlichsten Verfälschungen, welche bei diesem Oele vorkommen, geschehen mit Terpentinöl und Alkohol. Terpentinöl kann man durch Behandeln mit starkem Weingeist auffinden: zur Lösung von 1 Theil Lavendelöl sind 5 Theile 90percentigen Weingeistes erforderlich; die Lösung ist dann eine ganz vollständige; enthält das Oel Terpentinöl beigemengt, so ist wegen der schweren Löslichkeit dieses Oeles in Weingeist die Flüssigkeit trübe.

Eine Beimengung von Weingeist kann man durch die angeführte Platinmohrprobe herausfinden, sowie durch Behandeln des Oeles mit einer kleinen Menge von Gerbstoff (Tannin). Wird letzteres nicht verändert, so enthält das Oel keinen Weingeist, wird es zäh und klebrig, so ist das Oel mit Weingeist gefälscht.

Spiklavendelöl ist in seinem chemischen Verhalten dem echten Lavendelöle so ähnlich, daß es kaum möglich ist, die Verfälschung des echten Oeles mit Spiklavendelöl auf chemischem Wege herauszufinden. Daß ein Zusatz von Spiklavendelöl zu echtem Lavendelöl wirklich als Verfälschung bezeichnet werden muß, erhellt schon aus dem so ungemein verschiedenen Handelswerthe beider Oele. Das einzige und zuverlässigste Unterscheidungsmittel liefert in diesem Falle der Geruchssinn, und ist es deshalb gerade bei diesen Oelen zu empfehlen, die specifischen Gewichte beider an zuverlässig als rein bekannten Proben zu studiren.

Limetteöl

verhält sich fast ganz so wie Citronenöl und ist auch bei diesem Oele und den anderen, den Citronen ähnlich riechenden Oelen die Unterscheidung ziemlich schwierig, da sie sich alle sehr gleichen und auch hier der Geruch des Oeles sicherere Anhaltspunkte giebt, als die chemischen Agentien.

Macisöl.

Mit Jod zusammengebracht zersetzt sich dieses Oel sehr rasch unter heftiger Verpuffungserscheinung; mit Natrium entwickelt es langsam eine geringe Menge von Wasserstoff, ist übrigens durch seinen charakteristischen Geruch leicht zu erkennen.

Majoranöl

reagirt wenig auf Jod, erhitzt sich mit Alkohol und Schwefelsäure nur wenig und giebt ein ziemlich klares Gemisch.

Muscatöl

verhält sich dem Macisöle sehr ähnlich, ist aber durch seinen Geruch und charakteristischen Geschmack leicht von diesem zu unterscheiden.

Nelkenöl.

Dieses Oel (Gewürznelkenöl) ist durch sein eigenthümliches Verhalten leicht zu erkennen: es löst sich sehr leicht in Alkohol und starker Essigsäure und verwandelt sich beim Schütteln mit Kalilauge in eine butterartige Masse, giebt mit Alkohol und Schwefelsäure eine klare Flüssigkeit, und mit Jod eine mäßige Reaction.

Orangenblüthenöle.

Diese kostbaren Oele sind häufig verfälscht und zwar auf doppelte Art, entweder mit Ricinusöl oder mit den billigen Oelen anderer Aurantiaceen. Man prüft vorher, wie oben beschrieben wurde, auf die Gegenwart von Ricinusöl; ist dieses vorhanden, so ist eine weitere Untersuchung auf das Vorhandensein anderer Orangenöle mit den uns zu Gebote stehenden Mitteln gar nicht durchführbar. Fehlt jedoch das Ricinusöl, so kann man das angebliche Neroliöl auf die Beimischung anderer Aurantiaceenöle nach folgendem Verfahren untersuchen:

Man löst einige Tropfen des Oeles in etwa 50 Tropfen von 90percentigem Weingeist und setzt unter beständigem Schütteln etwa 15 bis 18 Tropfen englischer Schwefelsäure zu; hat man reines Neroliöl vor sich, so färbt sich die Flüssigkeit röthlichbraun; je rascher dies erfolgt und je lebhafter die Farbe ist, desto frischer ist das Oel. Die anderen Aurantiaceenöle geben entweder rein rothe oder röthlichgelbe Flüssigkeiten; wenn man die Mühe nicht scheut, derartige Proben absichtlich anzustellen, indem man z. B. Neroliöl mit Orangenschalen- oder Bigaradoöl mengt, so kann man durch diese Probe Zusätze bis zu 10 Percent herausfinden. Uebrigens ist die Prüfung mit dem Geruchssinn auch bei diesem Oele beinahe das zuverlässigste Mittel.

Orangenschalenöl.

Dieses Oel kommt häufig mit Apfelsinenöl verfälscht vor; wir unterscheiden beide durch ihr verschiedenes Verhalten gegen Alkohol; echtes Orangenschalenöl löst sich erst bei wiederholtem Schütteln vollständig in der zwölffachen Menge Alkohol; Apfelsinenöl braucht hiezu nur 6 Theile; findet also schon eine vollkommene Lösung des Oeles in 7 bis 9 Theilen Alkohol statt, so ist hierdurch die Fälschung mit Apfelsinenöl erwiesen. — Mit Jod explodirt Orangenschalenöl sehr heftig, Natriummetall äußert keine Wirkung auf dasselbe.

Petersilienöl

ist in Alkohol sehr leicht löslich, jedoch nur in sehr starkem; mischt man die Lösung mit ihrer doppelten Raummenge Wasser, so wird sie milchartig und scheidet bei längerem Stehen das Oel ziemlich vollständig aus.

Pfeffermünzöl.

Dieses kostbare Oel wird häufig mit anderen Münzölen, aber auch mit rectificirtem Terpentinöl gefälscht; außerdem werden noch Sassafrasöl und Copaivaöl zur Fälschung angewendet. Um die Fälschung im allgemeinen herauszufinden, bedarf man nicht vieler Arbeit; schwieriger ist es, zu bestimmen, welches Oel zur Fälschung verwendet wurde.

Mit Jod giebt das Pfeffermünzöl keine Reaction, es löst dasselbe zu einer rothbraunen Flüssigkeit auf, mit Alkohol und Schwefelsäure giebt es eine sehr schwach opalisirende Mischung, mit Schwefelsäure allein zusammengebracht, zeigt es nur eine ganz schwache Erwärmung.

Enthält das Pfeffermünzöl Sassafrasöl als Verfälschung, so tritt eine deutliche Reaction mit Schwefelsäure ein, wie sogleich auseinander gesetzt werden wird.

Die sicherste Art des Nachweises von Verfälschungen ist folgende: Man versetzt das Oel genau mit dem gleichen Volumen 90percentigen Alkohol und schüttelt das Gemisch tüchtig durch; reines Pfeffermünzöl giebt eine ganz klare Lösung; ist die Lösung trübe, so ist dies ein sicheres Anzeichen für die Gegenwart eines der oben genannten Oele.

Um die Art des beigemischten Oeles zu ermitteln, behandelt man eine neue Probe des Oeles mit der fünffachen Menge von Schwefelsäure und setzt nach eingetretener Abkühlung die zehnfache Menge von Alkohol zu. Hat man reines Pfeffermünzöl vor sich, so färbt sich dasselbe mit Schwefelsäure röthlich gelb, fast pomeranzenfarbig und geht nach dem Alkoholzusatz die Farbe in himbeerroth über; ist Sassafrasöl als Beimischung vorhanden, so entsteht aber eine sattrothe Färbung, die beim Kochen der Flüssigkeit in dunkelroth übergeht.

Ergiebt diese Prüfung kein Resultat und ist auch kein Terpentinöl vorhanden, das sich durch die Schwerlöslichkeit des Oeles in Alkohol zu erkennen geben würde, so ist das beigemengte Oel wahrscheinlich Copaivaöl. Man kocht eine frische Probe mit starker Salpetersäure; reines Pfeffermünzöl wird hierdurch braun, bleibt aber dünnflüssig; indeß ein solches, welches mit Copaivaöl verfälscht wurde, zähe und terpentinartig wird.

Rosenöl.

Das Rosenöl kommt so häufig verfälscht im Handel vor, daß von einigen behauptet wird, es komme überhaupt nur verfälschtes Oel in den Handel, indem das Rosenöl gleich an seinen Productions-Orten verfälscht werde. In der That zeigen die, auch in den physikalischen Eigenschaften oft sehr bedeutend von einander abweichenden Rosenöl-Gattungen so große Verschiedenheiten, daß man diesem Ausspruche wohl eine gewisse Berechtigung zugestehen muß. Die zur Verfälschung am häufigsten angewendeten Körper sind jedenfalls Walrath und Rosengeraniumöl.

Um nun die Verfälschungen sicher zu erkennen, ist es nothwendig, einen streng systematischen Gang der Untersuchung einzuhalten.

Walrath (Spermacet) wird auf folgende Art nachgewiesen: Man erhitzt eine kleine Menge des zu prüfenden Oeles in einem Glasröhrchen, in welches ein Thermometer eingesenkt ist: echtes Rosenöl muß schon bei 35 Graden ganz geschmolzen sein; ist Walrath zugegen, so findet vollständiges Flüssigwerden erst bei 50 Graden statt.

Noch auf einfachere Art läßt sich Walrath dadurch nachweisen, daß man etwas von dem dickflüssigen Oele zwischen zwei Stücke dünnes Briefpapier legt und diese durch einige Minuten zwischen den Händen hält; echtes Rosenöl verursacht dann auf dem Papiere fettähnliche Flecken, und saugt sich vollkommen in das Papier ein, was bei Walrath enthaltendem Oele nicht der Fall ist. Legt man das Papier auf ein erwärmtes Blech, so muß der durchscheinende Fleck bei echtem Rosenöle ganz verschwinden; bei solchem, welches Walrath enthält, verschwindet er nicht, da Walrath nicht flüchtig ist.

Diese Probe, selbst wenn sie für die Qualität des Rosenöles günstig ausfällt, beweist nicht viel für dessen Güte; einfach wird hierdurch der Beweis hergestellt, daß fettes Oel und Walrath fehlen. Eine Verfälschung mit Wachs ist wegen der specifischen Eigenschaften des Wachses eine solche, welche sehr leicht erkannt wird; allenfalls könnte noch Paraffin als Fälschungsmittel angewendet werden, welches jedoch auf ziemlich gleiche Weise erkannt wird, wie Walrath, aber noch etwas schwieriger schmilzt, als dieses.

Das Rosengeraniumöl, welches man gegenwärtig fast ausschließlich als Fälschungsmittel des Rosenöles anwendet, wird sogar einer besonderen Vorbereitung unterzogen, ehe man es dem Rosenöle beimengt; man setzt es nämlich vorher der Einwirkung des Lichtes und des atmosphärischen Sauerstoffes aus, wodurch es zu verharzen beginnt, dickflüssig wird, aber auch gleichzeitig den scharfen Beigeruch verliert, welcher dem frischen Oele anhängt.

Gegen Schwefelsäure verhält sich Rosenöl auf die Weise, daß beim Schütteln mit der fünf- bis sechsfachen Säuremenge sowohl echtes als auch verfälschtes Oel sich stark erwärmt und eine dicke Flüssigkeit von gelber bis intensiv braunrother Färbung liefert. Der Geruch wird hierbei nicht geändert, eine Beimengung von Geraniumöl giebt sich dem geübten Geruchssinne durch das Hervortreten eines unangenehmen Geruches zu erkennen. Wenn man nach vollständiger Abkühlung des Gemisches Alkohol zusetzt, so treten, nachdem man die Flüssigkeit aufgekocht hat, folgende Erscheinungen ein: Echtes Rosenöl liefert eine zwar bräunlich gefärbte, aber vollkommen klare und klar bleibende Lösung; bei Gegenwart eines anderen Oeles, ganz besonders von Geraniumöl ist die Lösung trübe und bildet bald einen harzartigen Bodensatz, der beim Erhitzen schmilzt. Ist dieser harzartige Körper etwa in solcher Menge vorhanden, daß er ein Zwanzigstel des zur Probe verwendeten Oelquantums ausmacht, so dürfte das Rosenöl etwa mit einem Drittel des fremden Oeles gemischt sein, doch ist eine quantitative Bestimmung der Beimengung hier noch auf einer sehr unsicheren Basis beruhend.

Gegen Jod ist Rosenöl indifferent, Geraniumöl jedoch nicht vollständig; Dämpfen von Jod ausgesetzt, färbt es sich dunkel. Noch schärfer als gegen Jod reagirt hier Untersalpetersäure. Man führt diese Reaction auf folgende Art aus:

In ein Gläschen legt man eine Kupfermünze, stellt auf ein Drahtdreieck, welches auf dem Gläschen liegt, ein Uhrglas mit dem zu prüfenden Oele und stürzt über das ganze ein größeres Trinkglas. Ehe man dies thut, gießt man auf die Kupfermünze soviel starke Salpetersäure, daß das Kupferstück ganz von der Flüssigkeit bedeckt wird. Es entwickeln sich aus der Salpetersäure dicke schwere Dämpfe von Untersalpetersäure und von rothbrauner Farbe, welche von dem ätherischen Oele aufgenommen werden. Rosenöl wird hierdurch h o n i g g e l b, ebenso Rosenholzöl;

Geraniumöl aber schön hellgrün. Rosenholzöl läßt sich übrigens auch durch diese Reaction leicht von Rosenöl unterscheiden, indem es in ganz kurzer Zeit, Rosenöl aber erst nach 10 bis 12 Minuten gelb wird. Uebrigens ist gegenwärtig die Verfälschung des Rosenöles mit Rosenholzöl mehr der Geschichte als der Praxis angehörig, indem sich Geraniumöl hierzu weit besser eignet, als das schwach riechende Rosenholzöl.

Rosmarinöl.

Fast ohne Wirkung auf Jod, mit Schwefelsäure und Alkohol trübe, mit Natrium wenig Gas entwickelnd ist dieses Oel dem Terpentinöl ziemlich nahe kommend und wird mit diesem häufig verfälscht; eine sichere Erkennung des Terpentinöles ist nur durch die Löslichkeits-Verhältnisse möglich, ganz reines Rosmarinöl löst sich in dem gleichen Volumen 90percentigen Weingeist, während solches, welches mit Terpentinöl gefälscht wurde, eine bei weitem größere Menge Weingeist zur vollständigen Lösung bedarf.

Salbeiöl.

Giebt mit Jod reichlich Dämpfe (jedoch ohne explosionsartige Erscheinung) und wird durch dieses Reagens in eine zähe harzähnliche Masse umgewandelt; mit Natrium entwickelt es Gas; Verfälschungen sind übrigens leicht dadurch erkennbar, daß dieses Oel eigentlich kein bestimmtes Lösungsverhältniß für Alkohol besitzt, da es sich, gleich Wasser, in jeder beliebigen Menge mit diesem mischen läßt; entsteht daher auf Zusatz von Alkohol eine Trübung in dem Oele, so deutet dies auf die Gegenwart eines anderen ätherischen Oeles, und zwar meist auf Terpentinöl.

Sassafrasöl.

Dieses Oel zeigt sehr bestimmte Reactionen: Es bedarf fünf Volumen 90percentigen Alkohol zur vollständigen Lösung, entwickelt unter Gelbfärbung mit Jod nur wenig graue Dämpfe, wird durch Kalilauge bei stärkerem Erhitzen (bei 170 bis 180 Graden) in eine dunkelfarbige zähe Harzmasse verwandelt. Am charakteristischsten ist die Schwefelsäure-Alkoholprobe. Setzt man zu Sassafrasöl Schwefelsäure, so erwärmt sich das Gemenge zwar nur mäßig, färbt sich aber fast schwarz; setzt man Weingeist zu, so entsteht eine tiefrothe Flüssigkeit, die eine sehr große Beimengung von Alkohol verträgt, ohne die deutlich rothe Färbung zu verlieren. Sassafrasöl wird höchstens mit Terpentinöl verfälscht, was durch die energische Reaction, sowie durch Destillation einer Probe leicht ermittelt werden kann; es dient aber selbst zur Fälschung von anderen Oelen, namentlich Pfeffermünzöl, kann aber auch in diesen leicht nachgewiesen werden.

Schafgarbenöl

hat die Eigenthümlichkeit sich in absolutem (das heißt gänzlich wasserfreiem) Alkohol vollständig zu lösen; beim Vermischen mit wasserhaltigem Weingeist jedoch trübe Flocken zu bilden; mit Jod versetzt, verwandelt es sich in eine zähe Masse.

Senföl

giebt mit Schwefelsäure gemengt ein brennbares Gas (Sulf-Carbonsäure CSO). Das Senföl des Handels ist häufig sehr unrein und zwar enthält es einen sehr giftigen Körper Cyan-Allyl, welche Beimengung von der Art der Darstellung herrührt, daher als eine Verunreinigung, nicht aber als eine absichtliche Fälschung aufzufassen ist. Man prüft das Senföl auf die Gegenwart von Cyan-Allyl, indem man es in einem kleinen Destillirapparat, der in kochendem Wasser steht, erhitzt; das Ueberdestilliren einer Flüssigkeit würde die Gegenwart von Cyan-Allyl anzeigen; übrigens kann das Destillat auch Alkohol oder Schwefelkohlenstoff sein, welche dann absichtlich zugesetzt waren. Man fügt Wasser zu dem Destillat: mischt es sich mit diesem, so ist Alkohol vorhanden; mischt es sich nicht und erscheint es schwerer als Wasser, so deutet dies auf die Anwesenheit von Schwefelkohlenstoff. Ist weder Alkohol noch Schwefelkohlenstoff nachzuweisen, so erhitzt man die aus dem Wasserbad gehobene Retorte auf 116, bei welcher Temperatur das angenehm riechende (nicht scharf und brennend wie das Senföl) Cyan-Allyl destillirt.

Eine einfache Probe auf Alkohol ist auch die, daß man einen Tropfen des Oeles in Wasser fallen läßt, reines Senföl sinkt einfach unter; alkoholhaltiges wird milchweiß. Eine in neuerer Zeit nicht mehr selten vorkommende Fälschung mit Petroleum weist man auf die Weise nach, daß man zu Senföl, welches durch Eis abgekühlt ist, die zehnfache Menge von gleichfalls in Eis gekühlter Schwefelsäure setzt. Es erfolgt dann keine Entwickelung von Sulfcarbonsäure, vorhandenes Petroleum scheidet sich in Form öliger Tropfen aus und das Gemisch aus Senföl und Schwefelsäure erstarrt nach längerer Zeit zu einem dicken Krystallbrei, der fast weiß ist. Ist die Krystallmasse dunkelfärbig, so deutet dies auf das Vorhandensein anderer ätherischer Oele.

Mit Schwefelsäure und Weingeist behandelt, giebt Senföl eine klare Lösung, Jod ist ohne besondere Einwirkung.

Thieröl.

Mit Jod sehr schwach Dämpfe bildend und sich hierbei gelb färbend; mitunter ist das Jod auch ganz ohne Wirkung, mit Alkohol und Schwefelsäure entsteht eine ganz klare Lösung. An der Luft wird Thieröl in kurzer Zeit braun; auf Zusatz von Salpetersäure erfolgt fast momentan eine Dunkelfärbung.

Thymianöl.

Mit Alkohol und Schwefelsäure eine schwach opalisirende Flüssigkeit; mit Jod keine Reaction, sondern eine gelbliche Lösung; mit Alkohol allein eine klare Lösung in dem gleichen Volumen Alkohol, wodurch die am häufigsten vorkommende Verfälschung mit Terpentinöl nachgewiesen werden kann.

Wermuthöl.

Jod äußert auf dieses Oel keine Wirkung; Schwefelsäure bewirkt eine blaue Färbung, die aber nur vorübergehend ist und rasch in schwarz umschlägt, mit Salpersäure geht es binnen wenigen Minuten in dunkles Harz über. In starkem Weingeist löst sich das Oel sehr leicht, wird aber auf Zusatz von nur wenig Wasser wieder ausgeschieden, so daß die ganze Flüssigkeit milchartig wird.

Zimmtöle.

Diese Oele: echtes Zimmtöl, Cassiaöl, Zimmtblätter- und Zimmtblüthenöl sind schwierig von einander zu unterscheiden und mit voller Sicherheit nur durch genaue Dichten- und Siedepunkt-Bestimmungen Verfälschungen herauszufinden. Jod wirkt auf alle fast gar nicht ein. Echtes Zimmtöl wird häufig mit dem billigeren Cassiaöl gemengt, was durch den Geschmack herausgefunden werden kann: reines Zimmtöl schmeckt stärker süß und ist auch von intensiverem Geruche als das Cassiaöl.

Das Cassiaöl ist aber doch so kostspielig, daß es im Handel häufig mit anderen Oelen gefälscht wird, und zwar wird hierzu Nelkenöl am häufigsten benützt. Man erkennt diese Fälschung durch das Verhalten des Oeles gegen verschiedene Reagentien. Nach den Versuchen von Ule ꝛc. sind sie folgende:

Cassiaöl erhitzt, verbreitet einen angenehmen süßen Geruch, durch eine Beimischung von Nelkenöl entwickelt es einen scharfen zum Husten reizenden Dampf; reines Cassiaöl ist gegen Salpetersäure fast indifferent, mit Nelkenöl versetzt, verwandelt es sich in eine schäumende Masse; auf Zusatz von Kalilauge zu Cassiaöl, welches mit Nelkenöl vermengt ist, bildet sich eine feste Masse. Am schärfsten läßt sich jedoch Nelkenöl in Cassiaöl auf folgende Art nachweisen: Man löst das Oel in der geringst möglichen Menge von 90percentigem Alkohol und fügt Eisenchlorid-Lösung zu; reines Cassiaöl wird hierdurch schön braun, indeß mit Nelkenöl gefälschtes eine unbestimmte zwischen blau, grün und braun liegende Farbe giebt (reines frisches Nelkenöl giebt mit Eisenchlorid eine rein blaue, altes eine grüne Färbung).

Schluß.

Im Vorstehenden haben wir alle ätherischen Oele beschrieben, welche gegenwärtig überhaupt schon dargestellt sind und praktisch verwendet werden. Schon der gegenwärtige Stand unseres Wissens über diesen Gegenstand läßt uns vermuthen, daß unsere diesbezüglichen Kenntnisse noch sehr lückenhafte sind, und daß die Fortschritte der Technik noch sehr viele Riechstoffe zu Tage fördern werden, die wir bis zur Stunde entweder gar noch nicht, oder nur aus dem Geruche gewisser Pflanzenstoffe kennen. Wir können daher die Lehre von den ätherischen Oelen nicht als ein abgeschlossenes Ganzes betrachten, sondern als einen Theil der chemischen Wissenschaft, der noch einer großen Ausdehnung und Entwickelung entgegen geht.

Inhalt.

Seite

Erster Theil.

Zweiter Theil.